Ernst Fritz-Schubert

# Glück kann man lernen

강하게 키워 행복하게 만드는
독일 학교의 행복수업

# 행복부터
# 가르쳐라

오리지널 독일 "행복수업"의 창시자
**에언스트 프리츠-슈베어트**
김태희 옮김 | 문형남 감수

베가북스

　　교육정책 입안자들은 어떤 교육 개혁이 필요한지, 그리고 무엇보다 그런 개혁으로 인해 어떤 재정적 부담이 일반 대중에게 돌아갈 것인지를 숙고하기 위해서 수시로 머리를 맞댄다. 사실은 어떤 개혁이 재정적으로 실행 가능한지 아닌지를 결정하는 것은 결국 재무장관들일 테니까, 그들이야말로 이처럼 자주 모여야 할 것이다 어쨌거나 그런 모임의 결과로, 이들 책임자들에게 아이들을 가르친다는 것이 얼마나 중요한지를 또렷이 보여주는 놀라운 합의가 자주 이루어진다.

　　그런데 우리는 교육이라고 하면 대체로 아이들이 지구촌의 교육 경쟁에서 패배하지 않도록 지식을 전달하는 것으로 생각하기 일쑤다. 그러나 불행하게도 교육에는 승자만 있는 게 아니라, 지나친 요구에 억눌리거나 겁에 질리거나 스트레스를 겪는 아이들이라든지, 혹은 소위 '문제 학생' 또는 '이상행동 학생'이 되어 학교를 불안하게 만드는 아이들도 있다. '교육에서 소외된 계층'이란 개념과 더불어 심지어 아이들이 연대책임의 소용돌이에 빠지는 경우까지 있다. 소위 '배경문제'가 있는 아이들은 —사회적응이 어려운 이민자의 가족이든, 아니면 사회적으로 취약한 계층 출신이든— 행복하고 성공적인 학교생활을 하기가 애당초 불가능하다. 이건 독일이나 한국이나 마찬가지다. 참으로 애석한 일이다. 이 아이들 역시 흔히 인식조차 되지 못하는 그들의 강점을 이용해서 바람직하고 가치창조적인 공동생활에 중요한 공헌을 할 수 있기 때문이다.

그러나 우린 어떻게 해야 '패배자'들로부터 진정한 '교육의 승자'를 만들어낼 수 있을까? 물론 협박하거나 애원한다고 될 일은 아니고, 오로지 전통적인 교육 콘텐트를 정신적 – 육체적 – 사회적 웰빙과 같은 교육목표로써 (그것도 모든 아이들을 위해) 보충해줄 수 있는 학교시스템을 통해서만 가능하다. 우리는 아이들과 청소년들이 자신의 익숙한 문화적 강점을 발견하도록 도와주어야 한다. 그런 강점은 아이들이 삶과 배움에서 의미를 찾고, 목적을 발견하며, 공동체 안에서 자리를 잡도록 하는 밑바탕이 되어준다. 그들이 책임감을 갖고 스스로 의사결정을 하며 자신의 노력이 가져온 성공을 절실히 느낄 때에, 비로소 평생교육의 필수적인 조건들이 갖추어지는 것이다.

그래서 4년 전 우리는 하이델베르크의 빌리 – 헬파흐 학교에서 하나의 시도를 했다. 전통적인 교과의 규범을 벗어난 새로운 과목을 도입함으로써 "교사와 학생들의 신체적 – 정신적 건강"이라는 교훈을 개선해보자는 시도였다. 이 새로운 과목을 우리는 "행복"이라 불렀다. 왜냐하면 그 안에는 '살아가기 위한 재주'라는 측면 외에도 성공적인 배움의 과정을 위한 조건인 '살아가는 즐거움'까지 포함되어 있었기 때문이다. 이어서 그 새로운 수업의 결과를 평가해봤더니 이 수업에 참여한 학생들은 그렇지 않은 그룹보다도 신체적 – 정신적으로 더 강인했을 뿐만 아니라, 무엇보다도 좀 더 깊은 삶의 의미를 스스로 느꼈다는 사실이 과학적으로도 증명되었다.

학교에서 행복을 추구한다는 게 다소 기이하게 들릴지 모르고 또 처음에는 다들 미심쩍은 눈으로 보기도 했다. 그러나 알고 보면 그 핵심은 1986년 11월 21일 열린 제1차 건강진흥을 위한 국제회의에서 소위 "오타와 헌장"이란 이름으로 의결된 내용과 다르지 않다. "신체적 – 정신적 – 사회적 웰빙을 총체적으로 이룩하기 위해서는 전체뿐 아니라 개인들도 각자의 필요를 만족시킬 수 있어야 하고, 자신의 욕망과 희망을 인지하고 실현할 수 있어야 하며, 자신의 환경을 통제하거나 변화시킬 수 있어야 한다." 그것을 어떻게 이룩할 수 있는가는 이 책에 나오는 구체적인 학교생활의 예에서, 그리고 처음부터 학교시스템의 승자에 속하지 못했던 학생들의 예에서 드러날 것이다.

에언스트 프리츠–슈베어트

모든 사람이 행복하기를 원한다. 그리고 모든 부모는 당연히 자식이 행복하기를 원한다. 그러나 아쉽게도 아이의 진정한 행복이 무엇인지를 제대로 아는 부모는 적다. 아이가 행복하기를 원하면서도 정작 아이를 불행하게 하는 부모도 적지 않다. 대부분의 부모들이 자녀가 공부를 잘 해서 좋은 대학에 가기만을 바라는 것도 행복을 제대로 이해하지 못한 결과다. 아이를 행복하게 하기 위해서는 먼저 부모가 행복이 무엇인지를 정확하게 알아야 하며, 그러고 나서 자녀에게 행복을 가르쳐야 한다.

본인은 행복에 대해 오랫동안 연구를 해왔으며, 독창적으로 '성공과 행복 10계명'을 만들고 알려서 많이 사람들이 행복해지는 데 관심을 가져왔다. 또한 "학생들에게 행복을 가르쳐야 한다."고 주장해왔으며, 우리 국민 모두가 행복해지기 위해서는 행복을 배우고 실천해야 한다고 강조해왔다. 그러던 차에 베가북스에서 〈행복부터 가르쳐라〉를 번역 출간하면서 감수 요청을 해와 매우 반갑게 생각했다. 정말 모든 부모들의 자녀 교육을 위해 꼭 읽어야 할 책이 국내에서 발간된 것을 매우 기쁘게 생각한다.

이 책의 저자인 에언스트 프리츠-슈베어트는 독일 하이델베르크의 빌리-헬파흐 학교(우리나라의 중·고등학교에 해당) 교장 선생님이며, 지난 2007년부터 이 학교에서 2년 과정으로 '행복수업'을 가르치고 있다. 지난 4년 동안 이 수업의 성과는 성공적인 것으로 평가되고 있다. 아이들이 수업을 통해 큰 변화를 보인 것은 물론, 독일 주변국인 오스트리아나 스위스와 이탈리아 등으로 확산되고 있고, 미국에서도 큰 관심을 보이고 있다. 프리츠-슈베어트 교장은 행복수업의 경험을 기록한 두 권의 책을 출간해 세계적인 유명인사가 되었다. 이 책은 그 중에서 두 번째 저서다.

이 책을 읽어보면, 독일의 교육 제도가 우리와 다르고 일부 용어들이 우리에게 익숙지 않아서 읽기가 다소 편하지 않은 면이 있다. 서론에 해당하는 앞부분(Ⅰ장)이 더욱 그런데, 조금 참고 읽어 내려가면 중간 부분(Ⅱ장)을 지나서는 용어 등이 익숙해지면서 내용이 쉬이 이해되기 시작한다. 뒷부분(Ⅲ장)에 가서는 우리가 공감하는 중요한 내용들이 많다. 그래서 앞부분을 읽다가 지루함을 느끼면 앞부분을 건너뛰고 중간부터 끝까지 읽고 나서 앞부분은 나중에 읽을 것을 권한다.

많은 사람들이 행복을 추구하면서도 잘못된 방법 때문에 오히려 불행해지는 경우도 적지 않다. 저자는 빅터 프랑클의 말을 인용해서 "인간은 행복을 사냥하면 할수록 점점 행복을 몰아낸다. 행복의 의미만 찾는다면 행복감은 절로 생겨난다."고 강조한다. 본인은 평소 행복에 관한 책들을 꾸준히 읽고 있다. 그런데 상당수의 책들이 진정한 행복의 의미를 제시하지 않은 채 독자들을 불행한 '행복 사냥꾼'으로 내몰고 있는 게 현실이다.

이 책의 결론 부분(Ⅲ장)에서는 우리 아이가 어떻게 행복해지는지(1절)와 아이의 행복을 위해 우리가 할 수 있는 일(2절)을 쉽고 구체적으로 잘 설명하고 있다. 저자는 1절에서 행복의 순간이 언제인지 즉 행복을 위한 가장 중요한 세 가지 기반으로 다음 세 가지를 제시한다. 그것은 어떤 일을 스스로 이루어냈을 때, 인생의 힘겨운 상황을 이겨낼 때, 깨어있는 상태에서 자연과 합일을 이룰 때라고 한다. 이 책의 가장 핵심이라고 할 수 있는 2절에서는 아이의 행복을 위해 우리가 할 일을 명확하게 제시한다.

그중에서 중요한 것들을 살펴보면, 우선 '낙관적인 자세'를 갖추도록 하는 것이 가장 기본. 다시 말해서 매사에 긍정적인 태도를 보이도록 하는 것이 매우 중요하다. 다음으로 '인내심과 여유를 가르치기'를 들 수 있다. 아이가 행복하려면 인내심과 여유를 길러야 하는데, 부모가 인내심과 여유가 없는 경우가 많다. 먼저 부모 자신이 인내심과 여유를 길러야 하며, 그런 다음 자녀에게 인내심과 여유를 가르치고 훈련시켜야 한다. 인내심과 여유 없이는 결코 행복해질 수 없다는 사실을 잊어서는 안 된다. 그밖에 '일상의 기쁨을 알게 하기', '위기를 건설적으로 극복하게 하기', '책임을 넘겨주기', '신뢰를 주고 자신감을 강화하기', '잠재력을 활성화하기' 등 저자가 제시한 9가지 방법은 잘 익혀서 평소에 꾸준히 실천해야 할 것이다.

본인은 행복에 관한 책을 수없이 읽었고 앞으로도 읽을 터인데, 대체로 비슷비슷한 부분들이 많다. 그러나 이 책에는 다른 책에서는 찾아 볼 수 없는 독창적인 내용들이 많아서 책을 읽으면서 새롭게 배우고 느낀 점이 매우 많다. 또한 본인이 오래 전부터 생각하

고 주장해온 점과 공통적인 부분도 많이 발견해서 매우 기쁘기도 했다. 한 가지 예를 들면 독일어에서 '행복'을 뜻하는 '글뤽'이라는 단어는 '성공하다'는 의미의 단어 '겔링엔'의 고어 '게뤽겐'에서 유래했다는 것이다. 즉 성공과 행복이 밀접한 관련이 있다는 말이다. 여기서 성공은 세속적인 의미의 성공이 아니다. 자신의 진정한 삶의 의미를 발견하는 것이 성공이라고 나는 생각한다. 세속적인 의미로는 성공하는 사람이 적지만, 이 책의 저자나 필자가 의미하는 성공으로는 "우리 모두가 다양한 분야에서 성공하고 행복할 수 있다."는 것이 이 책의 결론이라고 생각한다.

행복에 대한 독자들의 이해를 돕고자 아이와 가족의 '행복 테스트' 방법 및 '나와 내 가족이 행복해지는 12계명'을 부록으로 첨부하였다. 초 · 중 · 고등학생을 자녀로 둔 모든 부모들이 이 책의 본문과 부록을 읽고 자녀들에게 행복을 가르치고 함께 실천함으로써 자녀와 부모가 행복해지고, 나아가서 우리 국민 모두의 행복 수준이 크게 향상되기를 간절히 바란다.

**문형남 | 숙명여자대학교 교수**

요즘 부모가 된다는 것은 굉장한 결심이 필요한 것처럼 보인다. 부모가 되면 주말에 편히 잠을 잘 수도 없고 가고 싶을 때 휴가도 가지 못한다는 일상적인 부담 때문만이 아니다. 3세 이전에 뇌 발달이 대부분 이루어진다는 학자들의 이론을 들을 때마다 조기교육을 어떻게 시켜야 할지, 부모의 고민은 한두 가지가 아니다. 따라서 부모는 '아이의 미래는 부모의 책임'이라는 무한대의 부담에 짓눌리기 쉬우며, 무한경쟁 시대에 살아남기 위하여 어릴 때부터 경쟁력을 키워주어야 한다는 강박관념에 시달리는 경우가 많다. 그러나 이처럼 끝없는 책임감이나 경쟁력에 대한 강박은 독립된 개체로서의 아이를 인정하기보다, 아이에 대해 소유의 개념을 갖거나, 아이를 부모의 분신으로 여기게 되어, 시간이 갈수록 아이는 없고 아이에 대해 무한책임만을 느끼는 부모만 존재하게 된다.

나는 이 책을 읽으면서 학교에서 정말 '행복'이라는 과목을 가르치고 있다는 사실에 놀랐다. 두뇌발달과 학습이 중심이 된 아이들의 교육과정에 행복 과목을 도입하고, 생존경쟁에서 살아남을 수 있는 인재를 목표로 하는 게 아니라 얼마나 인생을 행복하게 살아가도록 만들지를 고민하는 저자를 보면서 부모의 역할에 대하여 다시 한 번 생각하게 되었다.

미래의 꿈이 무엇이냐고 물어보면, 많은 아이들이 연예인을 꿈꾸거나 슈퍼스타가 되고 싶다는 희망을 공공연하게 표현한다. 더구나 아이돌 스타들이 대중의 사랑을 받고 국가경쟁력에도 일익을

담당하는 요즘에는 아이들의 그러한 꿈꾸기가 당연하다는 생각도 든다. 그래서 대중매체에는 슈퍼스타 쇼 같이 스타가 되기 위한 경연대회가 일상이 되고, 대회에 참가하여 최고가 되기 위해 고군분투하는 아이들의 스토리가 넘쳐나고 있다. 대중매체는 아이들의 이러한 꿈을 이용하여 국민의 관심과 사랑을 받고 시청률을 올리지만 경연 과정에서 탈락하는 아이들의 후유증에 대해서는 전혀 무관심이다. 이 책의 사례에서 보여주듯, 한 소년이 슈퍼스타 쇼에서 탈락한 후 겪었던 좌절과 절망을 보면서 요즈음 아이들이 얼마나 큰 위험에 노출되어 있는지 알 수 있었다. 비록 위기에 빠졌다고 하더라도 이것을 극복할 수 있는 회복탄성력이 있다면 빠르게 좋아지겠지만 요즈음 아이들은 그마저도 부족하다.

이 책은 아이를 불안하게 하고 아이를 위기에 빠지게 하는 것이 무엇인지를 예를 들어 보여주고 있으며, 이 위기에서 무엇을 배울 수 있는가를 제시하고 있다. 그리고 행복이 어떻게 아이의 내적 강인함을 발견하고 촉진하며, 회복탄력성을 갖는 데 어떻게 작용하는지 구체적인 활동을 통하여 제시하고 있다.

저자는 아이들의 인내와 여유가 살아가는 데 얼마나 중요한지를 강조하고 있으며, 평범한 일상에서 기쁨을 느끼고 그에 감사하는 과정을 통하여 어떻게 낙관적인 태도를 갖고 그것을 촉진할 수 있는지, 위기에 빠졌을 때 어떻게 극복할 것인지, 사례를 들어 보여주고 있다. 아이들이 행복 과목을 듣고 실천하면서 책임감과 자신감을 갖게 되는 과정도 구체적으로 나와 있다.

누구나 아이가 행복하기를 원한다. 그러나 부모가 아이를 행복하게 키우기란 쉽지 않다. 조기교육과 선행학습에 매달려 있는 아이들이 장기적으로 행복할 수 있을까? 행복은 부모와 아이가 같이 열심히 만들어가야 한다. 이 책은 부모가 어떻게 하면 아이를 행복하게 할 수 있을지 구체적인 지침이 되어줄 것이다.

**김영훈 | 가톨릭대학교 의정부성모병원장**

**대**학 시절, 나는 꽤 분주하게 살아가는 학생이었다. 거의 매일 아침부터 저녁까지 다양한 약속과 모임, 일정이 가득 차 있었다. 내가 분주했던 것은 학과 공부나 친교를 위한 모임 때문이 아니었다. 나를 바쁘게 했던 것은 총학생회와 IVF라는 기독학생회에서 내게 부여된 역할들이었다. 그 역할들은 하나같이 내게 전적인 헌신을 요구했다. 많은 시간과 에너지를 쏟아야 했고 피로감과 감정 소모를 일으켰다. 헌신의 대가로 어떤 경제적인 보상이나 실질적인 이득을 주지도 않았다. 자발적인 참여로 시작하여 헌신으로 끝나는 일들이었다. 나는 성공하기도 하고 실패하기도 하였다. 그 일들은 고생스러웠고, 마음과 정신을 갉아먹기도 하였으며 그 과정에서 눈물을 흘리기도 하였다.

그럼에도 불구하고 그 일을 놓지 않았던 것은 그 일들이 내게 어떤 기쁨을 주었기 때문이다. 몸과 마음은 늪을 기어가는 것 같았지만, 나의 영혼은 더 높은 곳을 노래할 수 있었다. 그 당시엔 그렇게 느끼지는 못했지만, 자신을 깎는 치열함 속에서 나는 정말로 행복했다.

그 때의 경험들, 늪을 기어가는 기쁨 속에서 삶의 의미를 발견했던 경험들은 나에게 많은 것들을 가르쳐주었다. 고난 속에서 흔들리지 않는 일상을 유지할 수 있는 힘과 다른 사람의 비난과 오해를 가볍게 받아들일 수 있는 힘, 다른 사람들의 마음과 생각을 예상하고 이해하는 힘도 그 경험들로부터 배울 수 있었다. 그리고 그 배움은 나에게 또 다른 창조의 과업을 이어가는 밑거름이 되었으며 그것을 통해 나는 또 다른 행복을 누리며 살아가고 있다.

베가북스에서 펴내는 〈행복부터 가르쳐라〉를 읽으면서 그 당시 내가 느꼈던 기쁨을 떠올렸던 것은, 이 책에서 이야기하는 바가 나의 삶의 경험과 공명하기 때문이다. 몸과 마음이 힘들고 고생스럽더라도 일부러 그 일을 찾아가는 것은, 그 일의 가치에 거는 모든 행동이 나에게 기쁨이 된다는 것을 알기 때문이다. 사람은 안락함만으로 행복을 누리지 못한다. 안락함은 행복을 만들어가는 과정에 필요한 작은 쉼표일 뿐이다. 사람은 쉼표로 가득 찬 인생보다는 느낌표와 물음표로 가득 찬 인생을 더 아름답다고 여기고 제대로 된 마침표를 찍고 싶어 한다.

　우리의 아이들이 행복을 창조해낼 수 있는 힘을 기르기 원한다면 이 책의 내용을 탐독할 것을 권한다. 이 책에서 이야기하는 것들은 상상 속에서 가꿔낸 것들이 아니다. 물론 상상하여 이야기를 풀어내는 것도 의미가 있지만, 그 이야기가 삶의 현장에서 부딪히고 깎여나가고 수정되는 과정을 거치는 것이 필요하다. 그 과정을 거친 후에야 정말로 힘 있는 아이디어와 세상을 바꾸는 생각으로 거듭나게 된다. 책의 저자가 술회하듯 풀어내는 가르치는 일에 대한 이야기들이 진솔하고 설득력 있게 느껴지는 것도 그런 이유 때문일 것이다.

　어두운 우리 교육 현실을 밝힐 수 있는 좋은 생각의 씨앗이 책으로 나온 것에 감사한다.

**문경민 | 성남 상대원 초등학교 교사, 행복한 수업 만들기 사무국장**

얼마 전 한국에서 여행 온 교사들과 함께 하이델베르크의 빌리-헬파흐 학교를 방문했었다. 그곳에서 짧은 순간이었지만 인간에게 잠재된 가능성을 찾아내는 실험에 참여했다. 이 책에도 나오는 '엄지초점(Daumenfokus)' 훈련이었다.

담당 교사가 시키는 대로 오른 팔을 뻗어 수평을 유지하고 엄지에 시선을 고정시키고 돌릴 수 있을 때까지 천천히 뒤로 돌려보았다. 더 이상 돌아가지 않을 때 마지막 지점을 눈여겨 봐두었다. 그 다음엔 눈을 감고 상상으로만 오른팔을 들어 자신이 돌릴 수 있는 한도보다 30cm 더 나아갔다. 상상이기 때문에 충분히 가능한 일이었다. 이번엔 눈을 뜨고 실제로 오른팔을 다시 들어 올려 뒤로 돌려 보았다. 결과는 놀라웠다. 무엇인가에 홀린 것처럼 팔은 이전과 비교도 할 수 없을 정도로 많이 돌아갔다. 이것이 바로 인간의 내면에 잠재되어 있는 가능성이라는 것이다.

엄지초점 실험 후 놀란 눈을 동그랗게 뜨고 있는 사람들 앞에서 이 책의 저자 에언스트 프리츠-슈베어트 교장선생님은 "행복은 50%가 운명적으로 타고나는 경향을 갖고 있지만 그 나머지는 노력에 의해 얼마든지 만들어갈 수 있다."며 빙그레 웃었다. '행복' 과목은 학생들에게 행복을 찾아낼 수 있도록 가르치는 이 학교의 특별한 수업이었다. 이날의 신기한 체험과 실제로 문제학생이 수업을 통해 변화된 이야기를 들으며 나도 모르게 빠져들어 한동안 '행복, 행복' 외치며 돌아다녔었다. 이 책에서 저자가 언급한대로 행복수업은 정신과 신체와 영혼의 트레이닝이다. 우리가 모르고 있던 무한한 가능성을 교육을 통해 찾아줌으로써 스스로 행복을 만들어가는 능력을 키우는 작업이다.

독일교육은 한국식 경쟁에 익숙한 내게 처음부터 충격 그 자체로 다가왔다. 독일 학생들은 명문대학을 위해 유년을 저당 잡히는 일 따위는 하지 않았다. 학원을 갈 필요도 과외를 받을 필요도 없었다. 그렇지 않아도 자유로운 아이들에게 선생님은 시간이 날 때마다 중·고등학교 시절은 실컷 놀아야 한다고 주지시켰다. 하루 10시간씩 책상을 지키고 앉아있는 학생은 눈을 씻고 찾아봐도 없었다.

이렇게 내 눈엔 지상의 낙원처럼만 보이던 독일학교, 그러나 독일인에게는 한 없이 부족하고 심각한 문제들을 안고 있는 교육이다. 이 책을 통해 독일 역시 정도의 차이는 있지만 교육에 대해 한국과 같은 고민을 하고 있다는 사실을 알 수 있다. 행복하기 위해 교육을 받지만, 교육 때문에 아이들은 오히려 불행하다. 그 아이들에게 웃음을 찾아주기 위해 학교에서 행복을 가르치기 시작했다는 것이다. 행복수업(Glücksunterricht), 이 책의 저자는 연습을 통해 인간은 누구나 행복해질 수 있다고 믿는다. 그러기 위해 학생을 믿어주고, 잠재력을 찾아낼 수 있도록 도와주고 이끌어주는 중요한 역할이 교사에게 부과되어 있다는 사실을 강조한다.

독일 교육계에 관심을 불러일으키고 있는 행복수업을 보면서 진정으로 이 교육이 필요한 나라는 한국이라는 생각을 하며 안타까워하던 중 한글판이 출간된다는 기쁜 소식을 들었다. 책 출간을 앞두고 한국 독자들을 위한 서문을 준비하는 프리츠—슈베어트 교장 선생님과 한국 교육에 대한 진지한 대화를 나누었다. 내가 왜 독일 교육 이야기를 쓰고 있는지, 왜 행복수업에 관심이 많은지도 들려주었다. 그의 행복 이야기가 한국에서도 유행처럼 번져나가기를 희망하며 기대해본다.

**박성숙 | 〈독일 교육 이야기〉 〈꼴찌도 행복한 교실〉 저자**

独 일서 아이와 함께 모처럼의 행복한 휴가를 보낼 때 나는 이 책의 추천서 요청을 받았고, 귀국하는 비행기 안에서 원고를 읽으며 독일에서 챙긴 나의 행복과 독일의 명저자가 쓴 행복에 대한 교육 보급의 글을 합치며 행복에 대한 선물보따리를 한국에 추천하게 되었다. 이 타이밍이 너무 절묘하여 마치 하늘이 정한 타이밍에 내가 도구가 된듯하다.

독일은 근원적이며 창조적 교육에서 또한 선진국이다. 바로 내가 독일을 좋아하는 이유.

슈만, 헨델, 바하, 베토벤, 슈베르트와 같은 클래식 음악의 거장들, 헤겔, 니체, 칸트, 쇼펜하우어와 같은 세계철학사의 기둥들뿐만 아니라 칸트와 헤르만 헤세와 같은 세계적 문호들까지, 어디 그뿐인가, 백남준, 강수진과 같은 한국의 창조적 예술거장을 키워낸 나라여서이기도하다.

게다가 이제 다섯 살 딸을 둔 나에겐 세계 최초로 유치원을 만든 나라이며, 발도르프 교육이나 프뢰벨 교육 프로그램, 숲 놀이 교육 등 영·유아교육의 최고 선진국이라 믿기 때문이다. 게다가 친환경적인 조건이 나를 이끄는 나라다.

신뢰와 존중심을 가지고 독일 교육의 좋은 점을 내 아이에게, 그리고 한국에 보급하는 데 큰 관심을 가지고 있는 나에게 이번 책은 또 한 번 나를 감동시켰다.

늘 그렇듯 근본을 두드리고 챙겨주는 독일 교육계에서 역시 행복 과목을 개설하고 행복을 가르치는 근원적인 책이 탄생한 것이다.

우리는 모두 행복을 안다. 그리고 행복을 원한다. 행복을 추구할 권리 또한 누구나 가지고 있다. 다만. 너무 잘 알고 있어서였을까. 불현듯 나는 이 책을 통해 진정 행복이란 무엇인가 질문했고, 행복에 대해 새로운 정의와 정리를 시작할 수 있었다. 내 아이에게 공부에 앞서 행복한 삶을 살아가도록 방법과 처방을 얻게 되어 더없이 책의 저자에게 감사를 표한다.

사실 행복의 정의는 대단히 복잡 미묘하여 개인에 따라 다르며, 만족, 기쁨, 성취감, 흐뭇함, 평온함, 안정감, 즐거움, 가치감, 희망 등의 감정 등이 속한다고 볼 수 있다.

게다가 그것을 느낄 수 있는 요소 또한 우리 삶의 다양성·복잡성처럼 방대하다. 건강, 성적, 직업, 물질, 명예, 사랑, 감각, 지식 등.

그뿐인가 인간은 어느 단계에 도달하면 반드시 그 이상을 목표로 삼게 되므로 절대적 행복이란 존재하지 않기도 한다. 그러나 인간이 가진 도리와 분수, 절제와 나눔의 교육이 인간의 본성을 바르게 이끌어 개인의 행복과 타인과의 관계 속에 의미성이 있어야하며, 행복이라는 감정은 개인의 만족감에 인간이 가진 윤리, 양심, 상호관계성이 보태져야한다. 행복지수에 의하면 넘침에서가 아닌 부족함에서 행복지수가 높은 것을 보면 그 관계성 속에서의 조화와 균형이 중요한 것이다.

어릴 적 교육이 평생의 밑거름이기에, 개인의 좋은 에너지와 긍정적인 기운은 나눔과 소통이 되기 위한 행복 가르침의 가장 근본적인 밑바탕이다. 또한 그 교육을 제공해야 할 기성세대들에겐 이 책이 재교육의 기회를 제공한다고 믿는다. 이 책을 통해 우리 미래의 꿈나무들은 어떻게 하면 행복해질 수 있을까라는 질문의 해답을 찾아 읽는 동안 나 또한 행복한 삶을 위한 재정비를 하는 점검시간이었다.

누구나 행복하고, 행복할 수 있음에도 불구하고 우리는 어쩌면 행복의 조건과 지점을 정하고 내달리게 하는 것은 아닐까. 행복을 느끼기 위해서는 또 그 아이만의 성향이 고려되어야 한다. 우선 아이의 내적 잠재력이 발견되고 개발되어야 한다. 아이의 타고난 성향, 건강상태, 가족환경, 생활환경, 교육환경 같은 조건에 따라 행복의 조건과 결과는 다르게 된다. 이런 여러 가지 경우의 상황에서 벌어질 행복의 방해요소와 걸림돌들의 다양한 변수가 생기게 된다.

게다가 이 사회가 지나치게 학력 위주인데다 교육열이 과하며, 행복이 도대체 무엇인지의 혼돈을 겪고 있고, 미디어로 인한 거품과 허상에 노출되어 있다. 또한 다양한 경험으로 인해 여러 가지 현상과 증상을 보이는 아이들이 매우 많고 예측이 힘든 시기이기에 내 아이에겐 벌어지지 않을 일이라고, 내 아이는 아닐 거라고 장담할 수 없는 미디어의 문제, 소비의 문제, 따돌림 등의 문제, 교우관계, 학업부진... 상상을 넘어서는 수많은 경우와 상황에 어떻게 대처할지, 그 대책과 준비가 필요하다. 이 책은 현대사회의 경우의 사례들이 구체적이며 실제적인 처방과 대책 요령과 함께 제시되었다. 행복한 인간으로의 성장을 하기 위한 다양한 방법의 연구로 신뢰감을 더하고 있다.

이것은 단지 행복에 대한 정의와 행복한 삶에 대한 글이 아니다. 모든 경우에서 벌어질 행복을 놓치게 될 수 있는, 혹은 행복을 배울 수 있는 상황을 구체적으로 담고 있다

처방과 교육에는 조언과 자신감이 필요하다. 아이들이 처하는 상황에서 벌어지는 아이들의 행동에 대한 판단력과 분별력, 그리

고 처방과 지혜가 독자들을 든든하게 해줄 것이다.

　　책을 읽는 내내 모래주머니를 달고 달리기를 한 것만 같았다. 아직 벌어지지 않은 수많은 경우의 모래알들을 가득 싣고 내달렸다. 책을 덮고 난 지금 모래주머니를 내려놓고 보니 하늘을 날 것만 같다. 맑고 시원하고 경쾌하고 자신감이 넘쳐난다. 지금 내게 달린 행복의 추천 날갯짓이 많은 독자들과 만날 수 있기를 희망해본다. 지금 내겐 이 희망이 행복이다.

**한젬마 | 아티스트, 〈그림 엄마〉 저자**

아이를 위해 가장 원하는 게 뭐냐고 부모에게 물으면, 보통 이런 대답이 돌아온다: "다른 무엇보다 아이가 행복했으면 좋겠어요." 그리고 사명감에 불타는 우리의 정치인들은 이러한 염원에 완벽하게 부응한다. 그래서 문화부장관은 교육정책을 논하면서 툭하면 신뢰, 자신감, 학습의 기쁨, 좋은 성적 등 근사한 교육 목표를 거론한다. 아동의 행복권은 아예 명문화되어 있을 정도다. 1959년 유엔 총회에서는 아동권리선언을 채택했다. 이 선언에 의하면 인류는 아이가 행복한 유년기를 보낼 수 있도록 최고의 여건을 마련해주어야 한다. 그리고 1989년 유엔 아동권리협약은 "아이는 온전하고 조화로운 인격 발달을 위하여 행복, 사랑 및 이해의 분위기 속에서 성장해야 한다."고 밝히고 있다.

하지만 우리 자신과 아이들을 위해 추구해야 할 이 행복이란 대체 무엇일까? 행복은 로또 당첨처럼 하늘에서 뚝 떨어지는 행운을 훌쩍 넘어서는 어떤 것이다. 또한 행복은 막 사랑에 빠진 연인이 느끼는 환희 같은 것만도 아니다. 행복한 인생이란 그저 강렬히 체험되는 행복한 순간들만으로 이루어지지 않는다. 아마도 대다수 사람들은 그런 것을 원하겠지만 말이다. 인생은 살아가면서 마주치는 행복한 사건들과 그리 행복하지 않은 사건들로 가득 차 있고, 행복은 우리가 그런 것들을 어떻게 다루느냐에 달려있다.

인간의 뛰어난 특징 중 하나는, 어려운 조건에 적응하고 위태로운 상황을 극복하면서 거기서 보람을 느끼는 능력이다. 그러므로 행복감은 우리의 노력에 대한 자연스런 보상인 동시에, 우리를 언제나 새로이 활동하는 존재로 만드는 엔진이기도 하다. 따라서 인생의 행복을 추구하는 도정은 지복至福이라는 어떤 고정된 최종 목표를 향해 가는 것이 아니라, 끝이 없는 과정이다. 또한 그것은 개인마다 각각 상당히 다른 길이고 때로는 험난한 길이기도 하다.

이러한 과정에서 우리가 계속 마주치는 핵심적 물음은, 삶의 의미는 무엇이며 삶을 지탱하는 바람직한 기반은 무엇인가, 하는 것이다. 이런 물음에 대한 대답을 찾아낸다면, 비록 이런저런 상황이 여의치 못하더라도 행복할 확률이 높다. 그러므로 교육에 있어서 부모와 교사의 우선적 과제 중 하나는, 아이의 행복 능력을 후원하는 일이고 이를 위해 아이가 인생의 의미를 찾도록 돕는 일이다. 그렇다고 부모와 교사가 어떤 한 가지 의미를 아이 앞에 떡하니 내놓을 수는 없다. 인간은 누구나 스스로 삶의 의미를 찾아야 하기 때문이다.

나는 플라톤이 말한 인간의 네 가지 근본 덕목인 지혜, 용맹, 절제, 정의가 오늘날에도 교육 목표로 여전히 적절하며 필요하다고 확신한다. 아울러 자유와 자율이 지배하는 우리 사회에서 점호, 기합, 조련調練을 중시하는 이른바 병영 교육을 통해서 이런 목표들을 이룰 수 있다고 생각하지 않는다. 물론 앞뒤가 꽉 막힌 사람들은 더러 아직도 그렇게 믿는 것 같지만, 다행히도 아이가 마치 부모에게 더부살이하듯 무조건 순종하던 시대는 지나갔다. 또한 체벌이나 심리적 징벌을 통해 아이가 복종하고 '올바른 행동'을 하도록 가르치는 시대도 지나갔다. 그리고 우리는 이런 상태가 계속 유지될 수 있도록 총력을 기울여야 한다.

아이가 플라톤의 말처럼 용감하고 슬기롭게 세상을 정복하는 일이 즐겁다는 것을 —예컨대 무절제한 소비보다 올바른 행동을 할 때 공동체로부터 더욱 지속적 인정을 얻을 수 있음을— 체험한다면, 한층 더 책임감 있고 기꺼이 남을 돕고 신중한 사람이 될 수 있다. 타인의 기대에 무조건 부응하거나 강자의 법칙을 재빨리 자기 것으로 받아들이는 사람들보다 이런 아이가 더 행복하고 더 건강하다. 이런 아이는 친구도 더 빨리 사귀고 배우는 것도 더 빠르다. 물론 어디에나 존재하는 성적에 대한 압박감 때문이 아니라, 아이 스스로 그렇게 결정하기 때문이다. 그런 아이들에게 배운다는 건 재미있는 일이다. 배움의 과제는 해답을 찾으라는 도전이 되며, 또 아이는 자기가 그걸 찾을 수 있다고 믿기 때문이다.

하지만 대체 행복한 아이들이란 게 아직도 존재하는가? 매스미디어를 믿어도 좋다면, 오늘날 행복한 아이란 멸종위기에 처한 무리다. 우리 아이들이 폭식하는 이기주의자, 폭력적이고 도박과 마약에 중독된 게으름뱅이, 혹은 우울증에 걸린 겁쟁이 무리로 돌연변이했다는 얘기다. 텔레비전의 버추얼 법정프로그램이나 교육 프로그램은 하루도 빼놓지 않고 또 다른 끔찍한 시나리오를 보여주며, 소위 모질어진 요즘 아이들의 일그러진 모습을 전해준다.

　　물론 인생의 걸림돌을 넘지 못하여 무너지는 아이들도 수두룩하다. 가난한 아이들. 물질적 여건이 뒷받침되지 않아 마음껏 가능성을 펼치지 못하는 아이들. 부모에게 학대받거나 방치되는 아이들. 그와 반대로 지나친 관심을 받으며 더 이상 아이가 아니라 부모의 소망을 투사하는 스크린이 되거나 부모의 배우자를 대신하는 역할을 맡은 아이들. 부모의 이혼, 질병, 사망으로 상처받은 아이들. 아버지나 어머니가 성격상의 결점 때문에 아이에게 모범이 되지 못하여, 늘 우울해하거나 빗나가는 아이들. 교사가 아이에게 용기를 주지는 못할망정 사람들 앞에서 수모를 주어서 믿음과 자신감을 잃고 학교에서 고통 받는 아이들…

　　적지 않은 정치인과 언론인과 교육자들이 그러는 것처럼, 아이의 이런 아픈 상처를 노골적으로 들추면서 사회와 가정과 학교에서 벌어지는 이런 참혹한 일에 대해 애달픈 노래를 합창하곤 한다. 물론 이런 일은 유행이 되었고 무엇보다 여론의 반향을 쉬이 불러일으키긴 하겠지만, 긴 안목으로는 별 도움이 되지 않는다. 이보다 더 의미 있는 일은, 아이들이 다소 어려운 상황을 만나더라도 혼자서나 다른 사람의 도움을 받아 성장하는 법을 배울 수 있도록, 위기를 이겨내고 위기를 통해 더 강해지는 법을 배울 수 있도록, 우리의 에너지를 남김없이 투입해 아이들을 돕는 것이다. 우리는 자라나는 세대의 타고난 역량과 후천적인 역량들을 강화시켜주어야 한다. 그리고 이 아이들이 책임감을 갖고 행복하게 사는 데 필요한 성품들을 길러주기 위해 부모, 교사, 친구, 그리고 공동체가 어떻게 도울 수 있을지 자문해야 한다.

이때 우리는 대부분의 아이가 이미 행복하게 태어났다는 것과, 대부분의 부모는 아이가 커서도 행복하게 만들려고 노심초사한다는 것을 잊어서는 안 된다. 모든 아이는 의외의 잠재력을 지니고 있다. 우리는 아이와 더불어 이 잠재력을 찾아내야 한다. 이것이 부모와 교육자가 지닌 가장 중요한 사명 중 하나다.

아이를 강하게 만드는 일과, 자유ㆍ평등ㆍ연대 등 사회가 원하는 가치를 전달해주는 일은 서로 모순되지 않는다. 이 둘은 다만 같은 목표 지점으로 가는 서로 다른 길일 따름이다. 재미와 성적도 결코 대립 관계가 아니다. 삶을 능숙하게 다룬다는 것은 생존에 필요한 능력을 얻는 것만을 뜻하지 않는다. 인생의 행복에는 단순한 생존 능력 외에도 삶의 기쁨도 포함되며, 원했던 결과를 얻지 못했을 때도 즐길 수 있을 뿐 아니라 때로는 느긋하게 스스로에게 농담을 할 수 있는 능력까지도 포함된다.

어쨌거나, 우리가 아이의 길 위에 놓인 장애물을 모조리 치운다고 아이에게 도움이 되는 건 아니다. 어린이들은 도전에 맞서 이겨내고 싶어 한다. 자기의 성공을 어른들이 봐주고 인정해주기를 원한다. 자기가 이룬 일에 자긍심을 느끼고자 한다. 그것도 단지 결과에 대해서 뿐 아니라, 목표로 가는 길을 막고 있던 어려움들을 극복해낸 데 대해서도 자긍심을 느끼고자 한다. 실패를 하더라도 부끄러워하거나 굴욕감을 느끼지 않고 따뜻한 격려를 받고자 한다. 다시 한 번 시도하기 위한 힘을 모을 수 있을 때 비로소 실패가 성공으로 변할 수 있기 때문이다. 그리고 이를 위해서는 무엇보다도 긍정적 정서가 필요하다.

학교에서 싸우거나 시험을 망쳐서 슬프거나 화가 난 채로 귀가한 아이가, 그 날 해야 할 일로 곧바로 넘어가서 책상 앞에 다소곳이 앉아 공부를 할 수는 없는 노릇 아닌가. 아이는 위로받기를 원하고 가정의 아늑함 속에서 새로운 힘을 모으고 싶어하니까 말이다.

아이는 누구나 부모의 마음에 들고 싶고, 좋은 점수를 받아서 자기가 자랑스러워할 만한 사람임을 부모에게 보여주고 싶다. 하지만 그럴수록 학교 성적이 나쁘다고 부모의 사랑이나 인정이 줄어들지는 않는다는 걸 가르쳐주는 일이 중요하다. 다른 한편 새로운 시도와 노력이 어째서 가치 있는지를 보여주는 것도 부모의 과제다. 실패를 생산적 방향으로 이끈다면 아이에게는 인생에 있어 너무도 중요한 능력, 즉 패배에서 배우는 능력, 불가피한 실망 때문에 무너지지 않고 이를 견뎌내는 능력이 생겨나기 때문이다.

아이가 자신 있고 강인한 인물로 성장하려면, 그 밖에도 자신과 타인의 감정에 민감해야 한다. 아이는 자기감정을 인정하고 표현하는 법을 배워야 한다. 강한 소년과 쿨한 소녀라고 해도 몸이 아프거나 마음이 아플 땐 울 수 있어야 한다. 동시에 다른 사람의 감정을 예민하게 인지하고 올바르게 해석하고 적절하게 반응하는 법도 배워야 한다. 다른 사람이 미소를 지어도 정말 기뻐하는 것이 아닐 수도 있으며, 눈물을 흘린다고 해서 곧 비극을 의미하는 건 아닐 수 있잖은가.

더 나아가 온갖 달콤한 유혹으로 가득한 이 세상의 도전을 견뎌내려면 아이는 자기감정을 제어하는 능력을 지녀야 한다. 예를 들어 한 번쯤 기다릴 수도 있고 의심이 갈 때는 포기할 줄도 아는 능력이 여기 포함된다. 가정과 학교는 아이가 이런 능력을 갖추도록 도와야 한다. 욕구를 억누르거나 "아니!"라고 단호히 거부하고 자기 길을 가는 용기를 발휘하려면 경험이 필요한데, 아이에게는 대개 이런 경험이 없기 때문이다.

　　기술 지배, 소비 지향, 업적 위주의 우리 사회에서 아이들은 이제 실제로 많은 경험을 해보기 어렵게 되었다. 힘과 용기와 끈기를 가지고 세상에서 제일 싱싱한 사과를 따기 위해 나무에 기어오르는 일이 얼마나 있을까? 갓 풀을 벤 초원을 맨발로 달리다가 향기로운 풀더미에 몸을 던지고 토닥토닥 서로 힘을 겨루는 일은 얼마나 있을까? 어떤 아이가 아직도 어머니에게 애정을 보여주기 위해 들꽃을 꺾어 꽃다발을 만들어드릴까? 아동과 청소년이 몸과 마음이 건강하고 공동체 안에서 정말로 행복을 느끼려면 이러한 전인적全人的 체험들이 필요하다.

　　그래서 우리는 2007년 여름 하이델베르크의 빌리-헬파흐 학교에서 전통적인 커리큘럼을 벗어나 '행복'이라는 새로운 교과목을 도입했다. "교사와 학생의 몸과 마음을 건강하게"라는 학교의 지도적 목표를 실현하기 위함이었다. 빌리-헬파흐는 직업학교로서 경제 김나지움 학생들이 아비투어(대학입학 자격시험)를 준비하도록 하는 동시에, 하우프트슐레 학생들이 중간졸업장을 따도록 하는 직업학교다. 그 외에도 경제와 보건 분야의 젊은 직업훈련생들의 실습을 보완하는 교육을 하고 있다. [독일 학제는 초등학교 4년, 중등학교 9

년으로 이루어져 있으며, 중등학교에는 인문학교인 김나지움, 실업학교인 레알슐레와 하우프트슐레 등이 있다. 이 중 하우프트슐레는 초등학교인 그룬트슐레 졸업 후 김나지움이나 레알슐레에 진학하지 못하는 학생들이 주로 진학하며, 현장 지향적인 기술 교육에 치중한다. 한편 독일의 중등학교는 다시 하급과정과 상급과정으로 나누어져 있는데, 하우프트슐레는 중등학교 하급과정에 속하며, 경제 김나지움은 중등학교 상급과정의 하나이다. 중등학교 하급과정에서 상급과정에 진학하려면 중간졸업장이 필요하다. —옮긴이]

'행복' 과목은 특히 갈림길에 서있는 학생들을 위한 것이었다. 그들 앞에는 한편으로는 아비투어까지 이어지는 상급학교 진학의 길이 있고, 다른 한편으로는 시험에 떨어질 경우 아득하게 추락하여 때로는 생활보호 대상자로까지 떨어지는 길이 있다. 우리는 이런 학생들에게 힘을 주고자 했다. 이를 위해서 특히 성공하는 삶의 조건들, 산다는 기쁨만 있어도 부족할 게 없는 삶의 조건들이 무엇인지를 보여주고자 했다. 결국 삶에 대한 기쁨이 있어야 성공적으로 배울 수 있기 때문이다.

행복 과목에서는 특히 체험과 연극을 통한 교육의 유희적 요소들을 체육학 및 긍정 심리학과 결합시켰다. 그러나 행복 과목 자체는 성적을 최고로 높이기 위한 것이 아니다. 여기에서는 오히려 아동과 청소년이 스트레스를 피하는 법이나 심한 스트레스가 짓누르는 시기를 느긋하게 이겨내는 법을 일찌감치 배워서 인격을 성장시키는 것이 목표다.

　　우리는 근본 태도를 긍정적으로 가지는 것이 단지 공동체를 위해 중요할 뿐 아니라, 자기 자신의 행복감도 높여준다는 사실을 아이들이 생생하게 체험하게끔 하고 싶었다. 예를 들어 인공 암벽에서 친구의 자일을 굳게 잡아줄 때 아이는 신뢰와 신용이 무얼 뜻하는지 피부로 실감하는 것이다. 동시에 이런 경험은 아이의 마음을 긍지와 만족감으로 채워준다.

　　그 다음에 1년간의 수업 성과들을 과학적으로 평가하면서, 여기 참여한 학생들이 통제집단보다 더 큰 행복감을 느꼈고 학교공동체를 더 가치 있게 생각했으며, 무엇보다도 삶의 의미를 더 깊이 느꼈다는 사실이 입증되었다. 대부분이 자신감을 더 가지게 되었고 삶의 목표를 더 잘 표현할 수 있게 되었으며 가족이 자기 힘의 원천이라고 생각하게 되었다. 아이들은 또한 자신이 원하는 게 뭔지, 아니, 무엇보다도 원하지 않는 게 뭔지, 더욱 분명히 알게 되었다고 말했다. 인상적인 일이었다.

　　이러한 결과에 따라 우리는 이 교과목의 내용과 방법을 더 많은 학교로, 그리고 다른 분야로 확대할 용기를 가지게 되었다. 2008년부터 김나지움으로서는 처음으로 바인하임 안 데어 베어크슈트라세 시에서 행복 과목을 신입생부터 가르치고 있다. 현재 행복 과목은 −그룬트슐레에서 김나지움에 이르기까지− 많은 학교들에서 시범과목으로 제공되고 있다. 오스트리아의 슈타이어마크 지방에서는 모든 유형의 학교에서 이러한 실험 교육을 시행하고 있는데, 이 프로젝트를 학문적으로 지원하는 그라츠 교육대학은 기본적으로 하이델베르크에서 얻었던 우리 경험에 의존하고 있다.

그러나 행복수업의 긍정적 성과에서 도움을 받고자 하는 것은 학교들 뿐만이 아니다. TSG 1899 호펜하임 클럽 소속의 유소년 축구선수들은 이미 2007년부터 행복 훈련의 혜택을 받고 있다. 이 행복 훈련의 핵심은 학교에서 가르치는 행복 과목과 크게 다르지 않지만, 스스로 의욕을 불어넣고 스스로를 안정시킨다는 측면에 좀 더 중점을 둔다. 2007년 초 내가 호펜하임 클럽의 스포츠 디렉터에게 이 프로젝트를 소개하자, 그는 즉시 열렬하게 호응했고 바로 그 해가 가기 전에 이 훈련을 시작해달라고 요청했다. 선수들의 인성과 공동체 의식을 함양하는 것이 그 목표다. 이 훈련은 앞으로 어린 축구선수들을 스포츠 심리학적인 방법으로 돌보기 위한 밑바탕이 될 것이다.

2009년부터 나는 하이델베르크의 쾨니히슈툴 재활병원에서도 시범단계에 있던 행복 프로젝트를 제공했다. 여기에서 우리가 선언한 목표는 참여 환자들의 행복감을 전체적으로 높이고 생활 방식 변화를 통해 건강을 개선시키는 것이었다. 학교들에서와 마찬가지로 여기에서도 우리의 프로젝트는 열성적으로 받아 들여졌다.

고아원이나 재활병원 같은 복지기관이나 의료기관에서 많은 문의가 들어오는 것을 보면, 특별히 심리적, 신체적, 사회적 행복감을 겨냥하여 높이려는 시도에 대해서 커다란 수요가 있음에 틀림없다. 그러므로 우리 프로젝트의 착상은 분명히 올바른 길을 가고 있는 것이다.

이 책은 부모와 교사들에게 조언을 주기 위해 쓰였지만, 단지 행복 교육의 일반적 원칙들을 소개하는 데 그치지 않는다. 문제의 지적보다는 해법의 제시로 패러다임을 변화시켜 삶을 긍정하고 건강을 개선하는 법을, 간단한 연습과 구체적 위기관리 방법에 의거하여 보여줄 것이다.

# 목차

# 삶은 진지하면서도
# 재미있어야 한다

나는 삶의 진지함이라는 것이 설마 그렇게 씁쓸하리라고는 생각지도 못했다. 그룬트슐레에 들어간 지 정확히 10년 후 간신히 중간졸업장을 딸 수 있었고, 상업 직업교육을 받기 시작했다. 학교 다닐 때 성적은 그리 좋지 않았는데, 내가 보기에는 재능 부족이기보다는 다른 데 관심이 많아서였다. "학교보다 더 중요한 게 있거든!" 그런 모토에 충실하게 대부분의 시간을 경주용 사이클을 타는 데 보냈다. 대개 군복무와 참전을 통해 아주 권위주의적이 된 선생님들은 나처럼 껄렁하고 충동적인 타입을 잘 다룰 줄 몰랐던 모양이다. 당시 학교에서는 창의성이란 어차피 찬밥 신세였다. 어쨌든 주의력, 근면성, 질서 의식 항목에서 내 점수는 대부분 '미'에서 '양' 사이를 오락가락했다. 물론 이처럼 품행과 사회성 점수라는 형태로 부정적 피드백이 들어오더라도 나의 태도는 조금도 변하지 않았다. 아니, 변하기는커녕 학교에 흥미를 싹 잃었고, 주요 과목들의 성적도 점점 떨어졌다. 그 대신 내가 기울이는 노력에 대한 참된 평가를 스포츠에서 충분히 얻을 수 있었고, 일단 이것으로 충분했다. 아무리 늦어도 직장생활을 시작하면 모든 게 나아질 거란 희망을 가졌다.

1964년 4월 1일 나는 세무사 W씨의 곰팡내 나고 담배연기 자욱한 사무실에 들어섰다. 세무사 보조로서 견습이 시작된 것이다. 난 원래 사이클 선수가 되거나 어쩌면 아버지처럼 실내장식가가 되고 싶었다. 뭐, 정확히 알지는 못했지만, 사실 어떻게 열다섯 살배기가 커서 무슨 직업을 가질지를 정확히 알겠는가. 노동청을 방문해보고 상세하게 직업 상담도 받았지만 그리 도움은 되지 않았다. 그래서 어머니가 내 대신 결정을 내렸다. 어머니 생각에 어쨌든 아버지보다는 내가 나은 직업을 가져야 했다. 어머니는 매일매일 자기 차로 이동하면서 조그마한 상점들의 진열장을 디스플레이하는 실내장식가라는 자영업보다 더 나은 직업이 있다고 생각하셨나보다. 어머니는 아버지가 너무 오랜 시간 일하는 것을 좋아하지 않았고, 아버지가 세무공무원쯤이었으면 하고 바라셨으리라. 하지만 아버지의 견해는 그것과 전혀 달라서 자기 직업에 아주 만족하셨다고 나는 믿는다. 어쨌거나 어머니 생각엔, 아버지가 사무실에서 일하는 걸 원하지 않았다면, 적어도 아들만큼은 그런 번듯한 자리를 잡아야 하는 것이었다.

　　세무사 사무실 일은 분명 수준 높고 명예로운 일이고, 많은 사람들이 이 일에 아주 만족해한다. 하지만 아쉽게도 내게는 전혀 맞지 않았다. 요컨대 나는 꼼꼼하게 사무를 보기에는 참을성이 너무 부족했고, 게다가 자전거로 신나게 돌아다니는 오후를 그리워했다. 하지만 불행하게도 나의 그 "번듯한 자리"는 사무원 세 명을 위한 서류장과 책상이 놓인 그 콧구멍만한 사무실 안이었다. 그 사무실에는 그 외에도 거대한 타자기와 계산기를 놓는 책상도 있었다. 미닫이문 뒤에 있는 훨씬 작고 담배 연기가 자욱한 방에는 세무사무소 소장인 W씨가 앉아있었는데 서류 더미에 가려 좀체 보이지도 않았다.

처음에는 이 좁은 사무실에 내 자리가 전혀 없었다. 임시변통으로 입구 바로 옆에 있는 작은 책상을 얻었다. 그래서 사람들이 들락거릴 때마다 자리에서 벌떡 일어나야 했다. 내가 자리에 앉아있으면 문도 여닫지 못할 만큼 좁았던 것이다.

나는 긴장했다. 어떤 일을 하게 될까. 푹신푹신한 가죽 소파에 앉은 부유한 세무사가 돈 많은 고객한테 세무당국의 눈을 피해 최대한 돈을 빼돌리는 법을 상담하는 것이라고 생각할 만큼 나는 어수룩했다. 그러나 우리 사무실 주요 고객들은 굴뚝청소 용역들이었다. 그들은 매달 영수증이 수북하게 쌓인 마분지 상자를 가져왔다. 우리의 과제는 그 서류들을 입출금 계정과 날짜에 맞춰서 분류하고 여러 줄과 칸으로 나눠진 미국식 복식부기 장부에 기록하는 것이었다. 사무원들이 최대한 깔끔한 필치로 기록하면, 혹시 있을 수 있는 실수를 발견하기 위해서 그 부기장부의 여러 칸들을 낱낱이 더해서 검산해보는 일이 나의 막중한 과제였다. 기술적인 보조도구도 없이, 그러니까 그 커다란 계산기도 사용하지 않고, 수행해야 했던 이 극도로 고달픈 산수 문제 풀기야말로 따분하고 절망적인 견습 시절의 시작이었다.

아, 그때 난 자기 책임 하에 창의적이고 자유롭게 일하시는 아버지를 얼마나 부러워했는지! 불과 며칠 만에 벌써 실내장식 견습 자리를 알아보고 싶었지만 그럴 수 없었다. 부모님은 나의 간청에 꿈쩍도 하지 않으셨다. 아직도 그 말씀을 기억한다.

"도제徒弟 시절이 어떻게 장인匠人 시절과 같겠니?[배우는 동안은 겸손해야 한다는 의미의 속담 −옮긴이] 그러니까 지금은 견뎌내야 한다."

헌데 일어날 일은 결국 일어나고야 말았다. 불만과 염증이 켜켜이 쌓이면서 나의 근무 성과는 점점 형편없어졌다. 계속 계산을 틀리기도 하고, 소계小計들을 까맣게 잊어버리는가하면, 숫자를 잘못 옮겨 적기도 했다. 곧 사환으로밖에 쓸모가 없게 되었다. 이제부터 매일 할 일은 무엇보다 끊임없이 짖어대는 소장의 폭스테리어를 산책시키는 일이었다. 그 외에는 고객의 서류를 가져오거나 가져다주고 W씨의 사사로운 장보기를 대신해줄 뿐이었다.

얼마 지나지 않아 나는 조직적으로 근무를 거부하거나 그저 멍청한 척함으로써 개인적 자유를 어느 정도 되찾을 수 있었다. 물론 그 때문에 치러야 하는 대가는 생각보다 훨씬 컸다. 소장은 우리 부모님에게 보낸 편지에서 이렇게 썼다. "에언스트가 뭔가를 배우기를 바라느니 차라리 황소한테 우유를 내놓으라고 하는 편이 낫겠습니다." 이 편지는 내게 깊은 상처를 주었다. 그 상처는 심부름꾼으로서 가방을 들고 개를 데리고 그저 아무도 마주치지 않으려고 마을을 살금살금 돌아다니던 굴욕만큼이나 깊었다.

다행히도 세무사의 예언은 틀렸다. 심지어 나는 시험을 통과하기까지 했다. 하지만 3년에 걸친 견습 중에 내게 무슨 일이 일어난 것일까? 나는 내 자신이 창의적이고 스포츠를 좋아하고 활동적인 소년이라고 생각했었는데, 기실 그 소년은 아주 단순한 일이나 근근이 해내는 축 처진 사무보조원으로 변했을 뿐이었다.

그래서 견습이 끝나는 것이 마치 농노 해방처럼 느껴졌다. 앞으로 얼마간은 규칙적으로 하는 일은 하지 않겠다고 결심했다. 학교 다니던 동안 사족을 못 쓸 만큼 좋아하던 사이클도 그만두었다. 그 대신, 찌그러진 자존심을 명품 스포츠카로 다시 펴고자 했다. 처음에는 시트로앵 ID 19를 샀다. 예사롭지 않은 모양새 때문에 눈에 잘 띌뿐더러, 유압식 서스펜션과 부드러운 쿠션 때문에 지극히 편안하기도 했다. 그 다음에는 포르쉐 356 B, 그리고 목숨을 건 대담한 주행을 위한 스포츠카 Glas GT를 구입했다. 돈이 넉넉하지 않았기에 머리를 좀 굴렸다. 시트로앵 구입 대금의 상당 부분을 여자 친구가 빌려주었다. 그녀는 적금을 깨야 했기 때문에 집에서 제법 꾸중을 들었다. 모자라는 나머지 돈은 다른 "워너비"들과의 허황한 자동차 거래를 통해 긁어모았다.

지금 돌이켜 보면, 난 열등감을 감추기 위해 허풍을 떠는 떠버리가 되었다고 할 수 있다. 또래 친구들을 만나면 그때그때 내가 타던 그 신분의 상징을 과시하여 녀석들의 입이 떡 벌어지게 만들어주었다. 내가 어떤 위치에 올랐는지, 그리고 이 최첨단 기계가 얼마나 멋지게 달리는지 보여줄 수 있었다. 옆에 태우고 달릴 여자애들도 많았다. 하지만 이런 일을 벌일 때 나 자신은 어디에 있었던 것인가? 아니, 다른 건 그만두고라도 대체 무엇 때문에 이 따위 야바위 짓을 하고 있었던가? 나의 자존심을 위해 평생 이런 사치스러운 차를 타고 길거리를 오락가락 달리기만 할 수는 없었다.

얼마 지나지 않아 마음속에서 공허하고 허망하다는 느낌이 차차 번져갔다. 이 당시 난 금전적으로야 물론 젊은 남자가 꿈꿀 만한 것들을 빠짐없이 가지고 있었다. 하지만 불만에 차있었고 기분이 좋지 않았다. 같이 스포츠를 즐기던 예전 친구들은 주변에서 종적을 감췄고, 새로 맺은 인간관계들은 그다지 가치 있게 느껴지지 않았다. 아쉬운 대로 학창시절 친구 한 명은 남아있는 정도였다. 그 친구는 아비투어를 마치고 대학입학을 기다리고 있었다. 어쩐지 그 녀석이 부러웠다. 그 친구가 이야기하는 것은 전부 무척 흥미진진하게 들렸고, 특히 곧 새로운 도시에서 시작할 대학생활과 앞으로 언젠가 정말 무엇인가 이루어낼 것이라는 전망이 그랬다.

얼마 지난 후에야, 그러니까 연방국경수비대에서 군 복무를 마치고 나서야, 비로소 나는 스스로에 대한 회의를 극복하고 마침내 새 출발을 감행했다. 여기에 결정적 영향을 끼쳤던 일은, 하노버의 국경수비대에서 일반 교양교육을 받을 때 독일어 교사가 선물한 책 한 권이었다. 군복무를 시작할 때 다른 대안이 없었기에 의무 기간 18개월 이상을 복무하기로 결심했고, 그 덕택에 이 추가교육을 누릴 수 있었던 것이다. 그런 다음 내가 맡은 직무는 헬름슈테트에서 서베를린으로 동서독 국경을 넘어가는 기차에서 여권을 검사하는 일이었다.

일반 교양교육의 교사 중 한 사람은 평소 김나지움에서 주임교사로서 독일어와 역사를 가르치던 분이었다. 그 분은 내게는 바로 인문 교양의 화신化身처럼 보였다. 믿을 수 없을 만큼 지적이고 박식해 보인 그는 문학작품을 이용해서 역사를 생생하게 전달하는 능력이 있었다. 마침 그 무렵 나는 제대로 책을 읽기 시작했다. 책의 주인공들과 일체감을 느꼈고 그들의 내면적 갈등과 승리와 패배를 마치 내 일처럼 느꼈다.

그 교사도 어떤 식으로든 나의 열정을 느꼈던 것 같다. 그 분은 내게 〈독일 산문―1945년 이후 중·단편〉이라는 책을 선물했다. 당시 내게는 그 책에 실린 글들이 그다지 흥미롭지는 않았다. 그렇지만 이 책은 내가 지금까지 소장했던 가장 중요한 책들 중 하나이다. 그 책의 두 번째 페이지에 독일어 선생님의 헌사獻辭가 적혀있었던 것이다:

"그대는 명석하고 강인하고 인내심이 있으므로, 인생을 살면서 앞으로 많은 일을 이룰 것이오."

그때까지 스포츠에서는 강인함과 인내심이 나에게 중요한 특성이었지만, 그걸 배움과 결부해서 생각해본 적은 한 번도 없었다.

누구나 인생을 살면서 허다한 경험을 축적한다. 그럼에도 불구하고 우리 모두에게는 그 중에서도 아주 특별한 순간들이 존재한다. 말하자면 인생의 분기점이 되는 순간들이랄까. 내게는 그때까지 전혀 받지 못하던 이러한 인정이 바로 그런 결정적 체험이었고, 이 체험은 나를 어느 정도 흔들어 깨워서 새로운 미래로 나아가도록 했다.

그 직후 나는 뒤늦게라도 아비투어를 하고 대학에서 경제학 공부를 시작하기로 단단히 마음먹었다. 그리고 다음 휴일에 아우프바우김나지움 면접을 위해 집으로 갔다. [아우프바우김나지움(Aufbaugymnasium)은 인문계 중등학교인 김나지움 상급과정의 일종으로서, 중등학교 하급과정인 레알슐레나 하우프트슐레 졸업생이 김나지움 졸업장을 따기 위해 다니는 학교―옮긴이] 중간졸업장을 가진 청소년들에게 뒤늦게라도 아비투어를 치르도록 기회를 주는 이와 같은 김나지움이 고향인 풀다에도 있었다. 다행이었다. 그 학교에서 아주 이해심이 많은 교장 선생님을 만났는데, 나는 그분에게 나의 분명한 목표를 제시하면서, 이미 학기가 진행되고 있었지만 11학년으로 편입시켜 달라고 호소했다. 그리고 그 포부를 이루기 위해 연방국경수비대 복무를 곧바로 그만두고 제대할 수 있었다.

우리 부모님은 처음에는 내가 정말로 해낼 수 있을지에 대해 회의적이었지만, 그래도 내 계획을 지지해주셨다. 정확히 4주 후 입학시험도 없이 ―그리고 성적이 나쁨에도 불구하고― 나는 김나지움 상급생이 되었다.

물론 여전히 황소한테서 우유를 얻을 수야 없는 노릇이다. 하지만 당시 나는 짧은 시간 내에 나의 자세를 바꿨을 뿐 아니라, 많은 것을 배웠고 무엇보다도 수월하게 배웠다. 2년 후 나는 아비투어에 합격했고 하이델베르크 대학에서 경제학과 법학을 공부하기 시작했다. 나중에 경영인으로서 거대한 경제의 바퀴를 돌리고 싶었던 것이다.

그러다가 교사가 되고 싶다는 소망은 대학 공부를 마무리할 무렵에야 생겨났다. 다행히도 나는 교사가 부족하던 시절에 경제학 석사를 마치고 예비교사로서 교육현장에 받아들여졌다. 교사가 되겠다고 결심한 것은 새로운 길을 가도록 용기를 주었던 그 독일어 선생님과 나를 믿어준 아우프바우김나지움 교장 선생님으로부터 받은 영향 때문이었을 것이다. 그 때 이후로 나는 철석같이 믿는다. 학생들로 하여금 마음속 깊이 각인되는 긍정적이고 결정적인 체험을 하게 만드는 것이 학교가 해야 할 중요한 과제라고. 그것은 단순하면서도 깊은 울림을 주면서 이른바 "아하! 효과"를 주는 수업일 수도 있고, 학생과 교사 간의 신뢰가 넘치는 대화일 수도 있다. 이런 대화는 자신이 진지하게 받아들여지고 있다고 학생이 느끼게 하므로, 힘을 불어넣어 주고 방향을 설정하는 데 도움을 준다. 이를 위해서는 먼저 개방적 태도, 충분한 시간, 공감, 그리고 무엇보다도 학생의 힘에 대한 신뢰가 있어야 한다.

# 하나,
# 곤경에 처한 아이와 부모

서로 다른 다양한 특성들을 지닌
가정이라는 장소는, 여전히 행복한 삶을 위한
토대가 놓이는 최초의 장소이며 결정적인 장소이다.
가족 구성원 간에 서로 공감하며 의사소통을 할때 상호
존중과 인정, 서로에 대한 배려와 삶의 의미에 대한
감수성을 배울 수 있다.

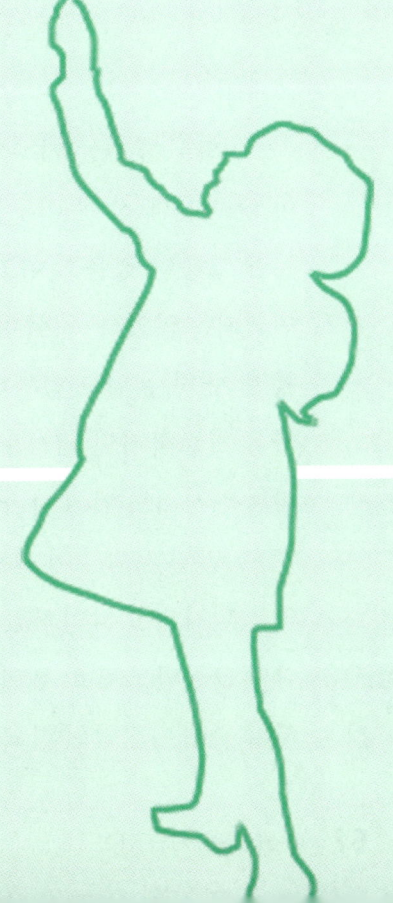

# 이 많은 문제아들은
# 대체 어디서 온 거야?

확실히 나는 키우기 쉬운 예사 아이는 아니었다. 부모님은 아마 나 때문에 잠 못 이루는 밤이 많았으리라. 교사와 교관들도 나 때문에 고충이 컸을 것이고. 그렇지만 그 누구도 나를 문제아라고 낙인찍지는 않았다. 하물며 몸이나 마음에 병이 들었을 것이라고 검사를 받게 하는 일도 없었다. 이 가련한 에언스트가 병들었다고 진단하고 치료하려던 의사도 없었다. 사람들은 그저 어른이 되는 데는 힘겨운 시기도 있고 자라면서 차차 나아질 것이라고 생각했으리라.

만일 사람들이 그렇지 않아도 자존심에 생채기가 난 나를 가없은 환자라고 낙인찍었다면 내 자존심은 더욱 무너졌으리라. 그랬다면 그동안 소홀히 했던 것을 뒤늦게라도 만회하고 새로운 길로 나서기 위해 다잡았던 학교로 돌아갈 힘과 용기를 깡그리 잃었으리라.

아주 다행스러운 일은 그 엄격하고 폐쇄적인 학교 시스템이 나 같은 늦깎이에게 문호를 개방했던 것이다. 아비투어와 대학 공부를 통해 의미 있는 직업으로 향하는 입장권을 얻으리라는 희망이 나의 분발을 부추겼다. 하지만 무엇보다 가장 큰 힘이 되었던 것은, 선생님들과 부모님이 나를 믿어주시고 나의 계획을 전적으로 지원해주신 것이다.

물론 예나 지금이나 부모들은 여전히 자식이 잘되기만을 바란다. 그렇지만 내가 보기에는, 결국은 모든 일이 다 잘 될 거라는 느긋함과 믿음이 최근 수십 년 사이에 사라진 것 같다. 아이가 학교에서 "제 구실을 못할 때" 부모들은 불안해하기 일쑤이고 아이의 미래가 위태롭다고 생각한다. 육체적으로나 정신적으로나 사회적으로나 아이가 규범으로부터 조금이라도 벗어날라치면 곧바로 딱지를 붙인다. 부모들은 (교사와 의사와 심리학자와 힘을 합쳐) 아이가 다시 "제 궤도에 오를 때까지" 몰아붙여야 한다는 강박감을 가진다.

오늘날 시청률에 굶주린 선정적인 대중매체들은 대부분의 아이들이 어떤 식으로든 유별나다는 느낌을 들게 한다. 거실 텔레비전은 온갖 종류의 문제아들을 보여준다. 교육학자, 심리학자, 가상법정의 판사들이 대거 투입되어 오후부터 캥거루족, 꼬마 폭군, 게임 중독이나 알코올 중독이나 거식증拒食症 아동, 폭력 청소년 등을 보여준다. 이와 관련한 실용서적들이 붐을 이루고, 문제아를 다루는 법을 가르쳐주는 '수퍼내니'들이 전성기를 누리며, 어디에서나 규율을 외치는 소리가 울려 퍼진다.

얼마 전에 이런 일이 있었다. 어느 김나지움에서 전 학년을 상대로 행복 과목을 도입하고 나에게 컨설팅과 지도를 맡겼는데, 김나지움 5학년을 대상으로 한 긴장이완緊張弛緩 수업이 제대로 되지 않았다. *[김나지움 5학년; 독일에서는 초등학교 4년을 마친 후 김나지움에 입학하므로 한국으로 치면 중학교 3학년에 해당한다. −옮긴이]* 아이들한테 창밖의 새소리에 귀를 기울이라고 했더니, 남자아이 하나가 얼굴을 찡그리고 거친 몸짓으로 친구들의 이 고즈넉한 시간을 방해하는 것이 아닌가. 나중에 그 아이에게 왜 그렇게 끈질기게 수업에 어깃장을 놓았냐고 묻자, 이 열한 살짜리 아이는 노여움과 만족감이 묘하게 섞인 표정으로 이렇게 대꾸했다.

"저는 주의력 결핍 과잉행동 증후군이에요. 어쩔 수 없다구요. 원하신다면 진단서를 보여드릴게요."

나는 말문이 막혔다. 그렇게 일찍부터 스스로를 환자로 여긴다면 여간해서 태도를 바꿀 수 없기 때문이다. 아니, 태도를 바꾸기는커녕 자기가 특별한 사람이라고 생각할지도 모른다. 교사들이 자기를 행여 깨질세라 조심스레 다루어야 하니까 말이다.

어수선한 학생을 봤을 때 그 아이를 환자로 규정하지 않고 그저 쉽게 다른 일에 주의가 이끌린다는 정도로만 이야기한다면, 그 아이와 부모와 교사는 적어도 그런 문제를 해결하려고 안간힘을 쓰면서 이것저것 써볼 수 있는 여러 방법들을 찾아볼 것이다. 아마도 이런 노력을 통해서 아이가 지닌 다른 장점들을 찾아낼 수도 있을 것이다. 예컨대 아스트리드 린드그렌(Astrid Lindgren)이 좋은 본보기다. 그녀의 작품에 등장하는 에밀은 잠시도 가만히 있지 못하는 아이였지만 참으로 매력적이고 창의적이고 동물을 사랑하고 착하고 정직한 아이이기도 했다. 만일 에밀의 등에다 ADHS(주의력산만-과잉행동장애)라는 병명을 붙여놓았더라면 아이는 훨씬 더 힘들어했을 것이다.

우리는 선택의 자유와 자율이 높은 가치를 지니는 사회에서 살고 있다. 아이들이 적지 않은 일들을 스스로 결정하도록 허용하고 있으며, 또 스스로 결정을 내리지 않을 수 없는 경우도 많다. 때로는 심지어 가족 휴가를 어디에서 보낼지, 부모가 어떤 자동차를 살지를 결정하기도 한다. 그러나 우리가 간혹 아이들에게 침묵하는 것이 있으니, 그건 선택의 자유와 자율에는 책임이 따른다는 사실이다. 매번 구구한 핑계거리가 있기에 자신의 그릇된 행동에 대해 한 번도 책임을 지지 않아 본 사람은 훗날 자신과 타인에 대한 책임을 지는 일을 감당하지 못하리라. 이런 사태는 아이가 놀이터 모래밭에서 다른 아이의 삽을 빼앗는데도 부모가 그냥 외면하거나, 아이가 그저 가지고 놀고 싶어서 그런 것이라면서 그 꼬마 악당을 두둔할 때부터 시작된다. 나중에는 아이의 성적이 엉망이어도 학교나 가정에서의 학습 조건이 좋지 않았기 때문이라고 핑계를 댈 수도 있다. 물론 어떤 일에 대해서든 이런 식으로 설명이야 할 수 있다. 그러나 문제는 이렇게 하는 것이 과연 아이 성장에 도움이 되느냐이다.

우리는 소위 문제아에 대해 이야기할 때 원인과 결과를 혼동하지 않아야 한다. 학교에서 어릿광대처럼 까불거나 학교를 빼먹는 아이는 단지 부담이 너무 무겁다든지 수업을 따라가기 힘들어서 그러는 것일 수도 있다. 시험 준비를 그런대로 잘 했는데도 점수가 낮은 아이라면 주변의 기대가 주는 중압감을 견뎌내지 못하기 때문에 실패에 대한 불안으로 온몸이 오그라드는 것일 수도 있다. 부모가 늘 티격태격 싸우는 걸 더 이상 견디기 어려운 아이는, 어쩌면 유별나게 난폭한 태도를 보일 수도 있을 것이다.

그런데 이 아이들이 너나 가릴 것 없이 모두 무엇보다도 제 구실을 해야 한다고 말한다. 아이들은 가정과 학교와 사회에서 자기가 쓸 만하다는 것을 보여주어야 하고 가능하면 모나지 않게 행동해야 한다. 그래야 모든 일이 기름칠한 것처럼 순조롭게 굴러가기 때문이다. 규범에서 벗어나는 것은 그 질서정연한 진행을 저해沮害한다. 어른의 노동의 세계에서 생겨난 이러한 생각의 틀을 아이의 일상의 세계에 곧바로 적용한다면, 아이의 어떠한 실수나 일탈도 좀체 용인하지 못하게 된다.

우리의 "실수 회피 문화"에서는 학습장애를 비롯한 교육상의 어려움에 대해 기계적이고 증상症狀 지향적으로 반응하는 것이 당연하다. 그런 와중에서도 어떤 통일적인 전략은 없고 서로 모순되는 반응들만 있을 뿐이다. 한편으로는 가정과 학교에서 규율을 강화하라고 주문하는데, 이건 무력하게 들린다. 다른 한편으로는 들들 볶인 아이들을 좀 더 이해하고 배려하라고 채근한다. 그러나 이러한 요구를 할 때 흔히 잊고 있는 사실은 모든 아이를 일률적으로 똑같이 다룰 수 없다는 것이다. 부모가 지나치게 싸고돌아서 사회적인 존재로 성장하고 공동체에 적응하는 일이 어려워진 응석받이 아이, 꼬마 왕자와 공주도 물론 있다. 그런 아이는 좀 더 교육 강도를 높이는 편이 낫다. 하지만 그렇다고 해서 부모의 권력이나 학교의 권위로 아이를 억압하라는 것은 아니다. 이럴 때는 아이에게 양보하지 않을 것임을, 하지만 그렇다고 아이도 하나의 인격체임을 잊지도 않을 것임을, 분명히 보여주어야 한다. 그 밖에 정서적으로 홀대받는 아동과 청소년도 있는데, 이런 아이들에게는 조금 더 돌봄과 관심을 보이는 것이 믿기 어려울 만큼 긍정적으로 작용한다. 공감할 줄 아는 교육자라면 학생 하나하나의 요구에 맞춰 행동하려고 애쓰겠지만, 종종 시간이 부족하기 때문에 부모와 아이의 그릇된 생각에 대해 그저 경고나 정학이나 퇴학 조치처럼 여러 단계의 징계를 내리는 일도 생긴다.

학교라는 시스템은 일찍부터 어린이들을 성적에 따라 "우優"와 "열劣"이라는 등급으로 분류하고 이에 따라서 선발하거나 도태시켜왔다. 자식이 장래 직업 선택에서 불리한 처지에 떨어지지 않고 번듯한 학교 간판을 따기를 기대하기 때문에, 성적이 뒤처지는 학생들의 부모는 대개의 경우 다른 선택의 여지가 별로 없다. 학원에서 교육을 '추가구매'하여 부진한 학습을 보충한다든지, 갖가지 진단서나 증명서를 떼어서 아이를 특별 취급해줄 것을 요구하는 것이다.

학교는 아이의 장점을 발견하고 촉진하는 데 노력을 기울이고 아이의 잠재력을 활용하기 위해 좋은 학습 조건을 만들어주어야 하지만, 때로는 아이에게서 '학습 장애'나 사회적 적응 문제나 심리적 문제가 나타날 때까지 하릴없이 기다릴 수밖에 없었다. 그리고 그런 문제가 나타난 후에는 이런저런 증상이라고 규정한다. 그러면 무엇보다도 책임져야 할 사람들의 부담이 덜어지니까 말이다. 질병은 숙명이므로 거기에 책임을 물릴 수야 없는 노릇 아닌가.

이런 일들에 있어서 아이의 약점, 이른바 장애가 관심의 초점이 된다. 그래서 당연히 "문제아"의 부모는 교사와 지속적으로 의견을 교환하고 아이의 문제에 대해 끊임없이 하소연한다. 이에 비해 성적이 좋고 적응을 잘하는 학생의 부모는 피드백을 훨씬 덜 받게 마련이다. 이런 부모는 심심찮게 이런 말을 듣는다. "아, 자제분은 전혀 문제가 없어요. 이야기할 거리도 없습니다." 이럴 때도 아이가 지닌 장점들에 대해 이야기하는 것이 아니라 단지 "문제없음"이라는 진단서를 받을 뿐이다.

의학에서와 마찬가지로 교육에서도 이러한 병리학적 관점은 "병"에, 그리고 그 원인 및 증상에, 주의를 집중한다. 이런 관점을 취하면 아이의 바람직하지 않은 품행이 중심에 자리 잡는다. 이는 일차적으로 이미 나타난 문제를 사후에 처리하는 방식인데, 기실 좀 더 바람직한 것은 그에 대한 예방이 아닐까?

당연히 아동과 청소년에게 응급 치료를 요하는 심각한 심리적 장애가 나타나기도 한다. 특히 심각한 주의력결핍 과잉행동 증후군이나 우울증이 그렇다. 그러나 지난 수십 년 동안에는 아동과 청소년의 유별난 행동거지를 설명하기 위해 무수한 "학교병學校病"들이 제시되었는데, 이는 유례를 찾아볼 수 없는 일이다. 여러 해 동안 의사들은 아이의 난독증難讀症이나 난산증難算症을 진단하는 데 열의를 쏟아 부었다. 그래야 부모가 자식의 점수를 조금 더 잘 달라고 호소할 수 있기 때문이다. 요즘 집중력 장애 진단서가 봇물 터지듯이 쏟아지고 있는데, 이러한 진단서는 심심치 않게 부당 발급되기도 한다. 또한 아이에게 영재 테스트를 시키는 부모가 지금처럼 많았던 적도 없었다. 아이의 남다른 행동이 걱정되어서 그런 것인지, 아니면 재능이 특출한 아이를 가지려는 야심 때문인지는 몰라도. 어쨌든 아이큐 검사가 잘 나오면 지금까지의 애물단지는 곧 꼬마 아인슈타인이 되어버린다. 아이가 아파서 그런 것도 아니고, 제멋대로 키워져서 그런 것도 아니고, 다만 너무 총명하고 학교 공부가 시시해서 그런 것이라는 것이다.

거대 학원 체인 레언치어켈(Lernzirkel)을 비롯한 값비싼 사교육 기관이 붐을 일으키고 있고, 학교 폭력 방지 교육에 대한 후원이 늘어나고 있으며, 사립 청소년 지원단체들은 재사회화再社會化 프로그램을 후원받아 재정을 튼튼하게 다지고 있다. 그러나 애석하게도 선의에서 비롯된 이런 조치의 상당수는 근시안적이고, 장기적으로 봤을 때 전혀 효과가 없는 경우도 많다. 아동과 청소년은 무엇보다도 존중, 보호, 사랑으로 이루어진 관계를 원하기 때문이다. 그리고 이러한 관계를 단지 주변의 기대와 아이의 성적이 좌우해서는 안 되는 것이다.

학생한테 환자 딱지를 붙이는 일에 얼마나 커다란 후유증이 따르는지, 내가 얼마 전 교장실에서 체험한 다음 상황이 잘 보여준다. 어머니와 아들이 면담을 하러 왔다. 열다섯 살인 소년이 걸핏하면 학교를 빼먹고 숙제도 거의 하지 않았기 때문이었다. 아이는 어쩌다 등교하더라도 ─ 대개는 지각하기 일쑤지만 ─ 수업 중에 소란스럽게 떠들어서 급우들이 공부하는 데 방해가 되었다.

조금 흥분한 듯 보이는 어머니는 기세등등하게 교장실로 들어섰다. 어머니 뒤에서 쿵쿵거리며 들어서는 아이는 팔 아래 킥보드를 끼고 있었다. 두 사람이 자리에 앉자 아이는 킥보드를 앞에 놓고 발로 이리저리 밀기 시작했다. 나는 왜 그것을 가지고 들어왔는지 물었다.

어머니가 대신 대답했다. 엄마도 우산을 가지고 들어오지 않았느냐는 것이다. 마침내 나는 소년에게 킥보드를 옆으로 밀어놓기라도 해주면 좋겠다고 부탁했다. 아이는 내키지 않는 듯이 우물쭈물하다가 내 말을 따랐다.

아이가 학교에서 보이는 문제들에 대해 내가 설명하고 나자 어머니가 다시 대화의 주도권을 잡았다. 어머니는 먼저 소년에게 그의 "병"에 대해 털어놓아도 좋으냐고 허락을 구했다. 아들은 그룬트슐레 1학년 때부터 교칙을 지키지 못했는데, 마침내 모자가 그 사유를 알아냈다는 것이다. 내가 모르는 그 아이의 형과 마찬가지로, 아이도 심각한 집중력 결핍 문제가 있으며 그래서 규칙을 따르지 못한다는 것이다. 그 집의 가정의는 그 아들의 그릇된 행동이 아마 이 유전적 질병 때문일 것이라고 진단했었다는 얘기다.

나는 다시 애초의 주제로 돌아가기 위해 이렇게 질문했다.

"계속 지각을 하고 결석을 해도 결석계도 내지 않고 수업 중에 만화책을 보는 것도 설마 의사가 진단한 증상은 아니겠지요?"

나는 어떤 행동도 용서하게 만드는 그 질병이 아니라 책임이라는 주제에 주의를 돌리려고 했던 것이다. 그랬더니 무슨 반응이 돌아왔는지 아는가. 그 어머니는 아들의 팔을 잡고 교장실을 훌쩍 나가버리는 것이었다.

이런 반응은 부모가 문제적 행동을 병 때문이라고 감싸주면서 아이 주변에 방벽을 세울 때 어떤 일이 일어나는지를 잘 보여준다. 그 초조한 어머니는 우리에게 지나친 이해심을 요구했고, 그런 요구는 이 경우 옳지도 않고 쓸모도 없다. 보통의 경우 열다섯 살의 어린 소년은 자기 행동을 반성하고 이에 대해 책임을 질 능력이 충분하기 때문이다. 그런데 병을 고려해서 벌을 주지 않는다면 꼭 필요한 학습과정을 건너뛰게 되는 셈이다.

얼마 지나지 않아 어머니는 전화를 해서 자기 행동에 대해 사과하고 다시 면담시간을 잡았다. 두 번째 면담에서 그녀는 두 아들의 학교생활에 대한 주변의 부정적 반응 때문에 점차 녹초가 되어버렸다고 털어놓았다. 그리고 자기 아들이 정말로 키우기 힘든 아이이고 자기도 아이의 많은 부분을 겨우 참아내고 있다고 했다. 아이 아버지는 몇 년 전 가족을 떠났고, 이제 자신에게 남은 거라곤 두 아이뿐이라는 것이다.

물론 아주 드문 상황은 아니다. 많은 부모들, 특히 혼자 아이를 키우는 부모들은 아이에게 믿기 어려우리만치 헌신한다. 그렇지만 유감스럽게도 부모 자신의 인생에 있어서의 욕구는 잊어버리고, 아이로 하여금 자기가 우주의 중심이고 모든 것이 자기를 중심으로 돈다고 착각하게 만드는 일도 드물지 않다. 이런 아동과 청소년이 사적인 영역에서나 학교에서 독자적 생각과 욕구를 지닌 사람들을 만나면 당연히 반목反目이 일어날 수밖에 없다.

나는 그 어머니에게 아들에 대하여 어머니 자신이 참을 수 있는 만큼만 참아야 한다고 차근차근 설명했다. 아이에게 지나치게 많은 것을 허용하면 허용할수록 아이의 기대치는 더 높아질 것이다. 종내에는 어머니가 아들을 키우는 것이 아니라 아들이 어머니를 키우게 된다. 그 다음 우리는 어떻게 아이의 품행을 긍정적으로 바꿀 수 있을지 함께 고민했다. 나는 그런 경우 가정에서 효력이 입증된 방식을 제안했다. 먼저 그런 상황에서 부모는 아이의 어떤 태도들이 제일 먼저 바뀌어야 할지에 대해 깊이 생각해보아야 한다. 부모가 말할 때 중간에 끼어드는 일일 수도 있고, 다른 사람이 전부 식사를 마칠 때까지 기다리지 않고 늘 식탁에서 먼저 일어나는 일일 수도 있다. 그 다음 단계로 부모는 아이의 바람직하지 않은 태도를 지적하되, 자신이 바라는 바를 가족 전체가 지켜야 할 일로서, 그리고 긍정태肯定態로서 표현해야 한다. 예를 들어 "끝까지 말을 다 하도록 서로 기다려주는 법이란다."라거나 "자, 다른 사람이 모두 식사를 마칠 때까지 기다렸다가 일어나야지."라고. 그 다음에는 이런 소망을 가족 구성원 전원의 확고한 합의 사항으로 만들어야 한다. 그런 바람을 큰 종이에 적어서 가족이 장시간 머무는 방에 붙여두는 것도 좋은 방법일 것이다. 그 종이에는 일주일 단위로 매일 매일 각각의 소망에 해당하는 칸을 마련해서, 그것이 이루어졌을 때 거기에 이를 확인하는 표시를 한다. 포스트잇을 붙이든지, 가위표나 갈고리표나 스마일 표시를 그리든지, 아무래도 상관없다. 소망이 이루어질 때마다 칭찬을 해주고, '그 주의 과제'가 달성되면 이에 대해 어떤 상을 주기로 합의하는 것이 중요하다. 또한 중요한 것은 긍정적 변화만을 강조한다는 점과 상을 줌으로써 변화가 지속하도록 자극을 준다는 점이다.

그 날 면담에서 어머니와 나는 아이가 학교생활에서 겪는 문제를 해결하기 위해서 이렇게 합의했다. 아이는 학교에서 행동을 고칠 것을 나와 약속해야 하고, 어머니는 여기 끼어들어서는 안 된다. 이를 통해 아이는 자기 행동에 대해서는 자기 혼자 책임을 져야 한다는 것을 경험하게 될 것이다.

이 열다섯 살 소년의 어머니가 이런 규칙을 받아들인 것은 아마 무엇보다도 다른 부모들과 마찬가지로, 혼을 내주겠다고 아이를 으르거나 혹은 실제로 혼을 내는 일이 없이도 아이의 태도가 변하기를 원했기 때문일 것이다. 그리고 이런 소망은 그다지 잘못된 생각이 아니다. 실제로 그런 문제성 행동들을 계속 꼬집어 지적하고 강조하기보다는 차라리 바람직한 행동에 대해 상을 주는 편이 더 나을 수도 있기 때문이다. 학교에서 문제를 일으켜서 야단맞는 아이는 그래도 잠시나마 사람들의 주목을 끄는 데 성공한 것이다. 아이는 그것 자체를 보상으로 느낄 수 있고 그래서 그런 그릇된 행동이 더욱 심해질 수도 있다. 그래서 실제 학교생활에서는 어떤 아이의 잘못된 행동을 그저 외면하고 대신 다른 대다수 학생의 올바른 행동을 긍정적으로 인정해주는 편이 더 성공을 거둘 수도 있다. 가령 이런 식으로 말하는 것이다. "이제 거의 모두가 귀를 기울이고 있구나. 아주 멋지군." 혹은 수업을 마치면서 "다들 주목해줘서 고맙다."라고 말할 수도 있으리라. 하지만 이런 말들은 당연히 진심이어야 한다. 거기에 냉소적인 어감이 묻어 있다면 다시 모든 일을 망쳐버릴 수 있다.

# 왜 아이는 학교가 두려운 걸까?

오늘날 수많은 아동과 청소년들이 행동장애 진단을 받고 있는데에는, 한편으로 과학적 연구들이 많아졌고 특수한 측정 방법들이 많아졌다는 이유도 있다. 그러나 다른 한편으론 정말로 특이한 행동들이 그만큼 늘어났기 때문이기도 하다. 다시 말해 대다수 아이들과 아주 다르게 행동하는 아이가 많아졌다는 얘기다. 줄곧 산만하고 지나치게 부산스럽고 너무 수줍거나 불안해하며 등교를 거부하거나 고집이 세거나 거짓말을 잘해서 키우기 힘든 아이들이 있다. 또 스스로에게 해를 끼치는 성향이 있는 아이들도 있는데, 이들은 섭식장애攝食障碍이거나 마약을 복용하거나 자해를 한다. 또 어떤 아이들은 보호자나 또래 아이들에게 지극히 공격적이다. 많은 교육학자와 심리학자의 씁쓸한 전망대로라면, 독일에도 미국의 경우처럼 곧 청소년 자폐증과 우울증이 물결처럼 밀려들 것이다.

　　　로베어트 코흐 연구소(Das Robert Koch-Institut)의 조사에 따르면, 3세에서 17세 사이 남자아이의 17.8%와 여자아이의 11.5%가 행동 특이성을 보이고 있다.[1] 가장 흔히 볼 수 있는 특이성에는 불안과 우울증, 과잉활동성 같은 사회적이고 정서적인 문제들이 있다. 2008년 11월 19일 시사주간지 **포쿠스-슐레**(Focus-Schule) 인터넷판에 따르면, 전문가들은 독일에서 60만~120만 명의 학생들이 학교에 대한 불안에 부대끼고 있다. 쾰른 대학병원 아동청소년 정신과 산하의 병원학교 교장인 볼프강 욀스너(Wolfgang Oelsner)는 '학교 불안 전염병'이라고까지 부른다.[2] 이런 판단은 LBS(주 건설저축은행)가 독일 아동보호연맹의 협조로 2009년 6월 발표한 "LBS 2009년 독일 아동 바로미터"의 결과와도 일치한다. 이 연구에서는 특히 아동과 청소년이 학교에서 느끼는 행복감에 대해 질문했다. 응답자의 2/3가 학교에서 "아주 좋다" 혹은 "좋은 편이다"라고 느끼지만, 1/3은 "그저 그렇다"에서부터 "아주 나쁘다"라고 느낀다는 답변이었다. 눈에 띄는 사실은 5학년부터 행복감이 낮아진다는 점이다. 아이들은 학교에서 느끼는 불쾌감의 주요 원인으로 지나친 부담, 시험과 유급에 대한 불안감 등을 들었다.

　　　특히 우리가 깊이 생각하지 않을 수 없게 만드는 것은 -10년 전부터 매년 조사하기 시작한 후로- 학교는 언제나 아이들이 행복감을 가장 적게 느끼는 영역이라는 사실이다. 학교는 불안을 자아내고 스트레스를 야기한다. 그렇기 때문에 수많은 아동과 청소년은 학습에 지장을 겪고 있다. LBS 아동 바로미터는 우리에게 경종을 울려주는 또 다른 상황을 지적하고 있다. 1/3 이상의 아이가 학교 스트레스 때문에 두통, 복통 등 신체적 통증을 가진다. 이 아이들은 배움에 대한 즐거움은커녕 학교 때문에 시름시름 앓는다는 말이다.

도미니크는 내가 아는 어느 가족의 아들이다. 아홉 살이고 그룬트슐레 3학년이다. 얼마 전 아이 부모에게 식사초대를 받아서 갔을 때, 아이는 내 직업이 무엇인지 물었다. 내가 "선생님"이라고 대답했더니, 도미니크는 질겁해서 나를 쳐다보는 게 아닌가. 그러자 아이 어머니가 끼어들어 요즘 아들이 학교에서 좀 문제가 있다고 귀띔해주었다.

"무슨 일이 있었는지 이야기해보렴."

도미니크는 가만히 있었다. 그럴수록 어머니는 조급해졌다.

"도미니크가 평소에는 기분이 좋은데 요즘 학교 공포증에 시달리고 있답니다." 저녁마다 복통을 호소하고 얼마 전부터는 아침마다 겨우겨우 학교에 간다는 것이다. 나는 그럴만한 구체적인 사연이 있는지, 아니면 그런 불안이 특별한 이유가 없는 두루뭉술한 것인지 캐물었다. 그러자 어머니가 설명했다.

"물론 도미니크의 행동에는 이유가 있어요. 3학년이 되면서 새 선생님이 왔는데 아주 구닥다리에요. 그리고 이 여자는 아이들더러 이제부터 김나지움 진학을 위해 애써야 한다고 말했죠. 그래서 아이들은 성적을 잘 받기 위해 정말로 악착같이 공부를 해야 한답니다."

어머니는 계속해서 도미니크와 선생님의 관계가 단순히 약간 긴장된 정도가 아니라고 하소연했다. 얼마 전 아이는 흐느끼면서 집에 왔다고 한다. 이제 제일 친한 동무 옆에 앉을 수 없게 되었다. 선생님이 좌석 배열을 바꾸어서 로테이션 방식으로 대체했기 때문에 앞으로

짝이 계속 바뀐다는 것이다. 도미니크는 하필이면 공부하기 힘겨워하는 유급생 옆에 앉게 되었다. 그 부정적 영향은 이미 도미니크의 점수에도 나타났다. 뿐만 아니다. 아이는 이 선생님으로부터 부당한 대우를 받는다고 느끼고 있었다. 아이가 지난 번 수학 시험을 볼 때 교사에게 도움을 청했지만, 교사는 자기가 말을 할 수 없으니 아이 스스로 문제를 다시 꼼꼼히 읽어야 한다며 딱 잘라 거절했다. 그 밖에도 시험 중에 딴 자리에 앉을 수 없느냐는 아이의 청도 일축했단다.

"우리 도미니크는 이해심 많고 열심히 노력하는 아이랍니다. 아이는 천하없어도 김나지움에 가고 싶어 해요."

나는 그 부모에게 교사와 면담을 해보라고 권유했다. 도미니크가 그 교사와 우호적으로 대화할 수 있는 길을 닦기 위해서였다. 그렇지만 어머니는 이미 자기가 개입했었노라고 말했다.

"어제 도미니크를 학교에서 데려올 때 선생님에게 솔직히 의견을 털어놓았어요. 이대로는 안 되겠다고 하면서, 이제 교장 선생님에게 이야기하겠다고 말했어요."

상황은 누가 봐도 이미 곪을 대로 곪아버렸다. 이 갈등이 평화적으로 해결될 전망은 거의 사라졌다. 무엇보다도 당사자인 아이가 '적대적'인 두 진영 사이에 끼어버리는 바람에, 아이 편에서 볼 때 이제 자기 운명을 스스로 결정할 수 있는 가능성은 없다시피 되었다.

물론 부모가 교사에 맞서 아이를 보호하는 것은 선의에서 나온 행동이다. 그러나 그런 일은 아이의 관점에서 보면 자기 세계에 끼어드는 것이다. "우리가 너희 선생님에게 뭔가를 보여줄게. 그리고 교장 선생님에게 이야기해야겠어." 이런 말은 아이가 무력함을 느끼게 하고 아이의 자신감을 약화시킨다. 아이는 스스로 상황에 맞서 해결하는 능력을 빼앗기는 것이다. 원래 아이들에게는 학교에서의 자기 문제를 혼자서나 교사와 더불어 풀어낼 능력이 충분히 있다.

또한 부모가 학교에서의 일들에 지나치게 감정적으로 개입하는 순간, 아이는 학교 성적이 부모의 행복에 얼마나 중요한지, 그리고 자기가 실패하면 부모가 얼마나 가슴앓이를 하는지를 체험하게 된다. 많은 부모들은 아이의 학교 성적이 나쁘면 그야말로 자기가 무시당한 것으로 느끼고 자신이 간접적으로 책임 추궁을 당한 것처럼 느낀다. 모든 아이는 부모 마음에 들고 싶어 하고 특히 부모를 실망시키기를 원치 않기 때문에, 부모의 그러한 태도는 아이의 실패에 대한 불안을 강화시키고 새로운 스트레스를 생겨나게 한다.

아이를 강하게 만든다는 것은 아무 때나 부모가 개입한다는 뜻이 아니다. 또한 부모의 행동이나 학교 밖의 영향들 때문에 상황이 잘못되는 데 대한 책임을 타인에게 전가한다는 뜻도 아니다. 아이의 학교 성적과는 무관하게 부모가 늘 아이를 밀어주고 인정할 때, 아이를 강하게 할 수 있다. 부모가 자기 자신과 아이를 믿고 성적을 계속 들먹이지 않을 때, 아이를 강하게 할 수 있다. 자기 아이가 제힘으로 문제를 해결할 수 있음을 부모가 신뢰할 때, 아이를 강하게 할 수 있다.

도미니크의 부모가, 예를 들어, 시험 중에 그 선생님은 어느 누구도 특별대우를 해서는 안 된다는 사실을 아이에게 설명해주었더라면, 혹은 아이가 선생님에게 자기 관점에서 그 상황을 설명하는 편지를 쓰도록 독려했더라면, 아이는 스스로 문제를 해결할 기회를 가졌으리라. 그랬더라면 아이의 자신감을 높이고 아이와 교사 관계에 있어 더욱 안정적인 토대가 되었을 것이다.

학생들은 왜 학교를 두려워하는가? 식은땀을 흘리고 배가 아프고 혈액순환 장애나 심지어 심장 장애를 겪는 이유는 도대체 무엇인가? 그 책임이 오로지 학교에 있다고, 교사들의 공감 능력이 부족하다거나 사회성이 떨어지기 때문이라고, 서둘러 지레짐작할 수도 있다. 그러나 여러 연구의 결과들을 보면 이러한 짐작은 사실이 아니다. 예를 들어 영국의 배쓰(Bath) 대학 과학자들은 아이들이 취학하기 여러 달 전부터 이미 스트레스 호르몬인 코르티졸이 증가한다는 것을 알아냈다. 그 연구자들은 아이의 취학을 앞둔 부모의 긴장이 아이에게 전이轉移되어 아이의 스트레스 호르몬 증가를 가져온다고 추측한다. [3]

학생들 자신의 진술도, 학교에 대한 심각한 불안이 일방적으로 교사들만의 책임이라는 주장은 잘못임을 보여준다. 2009년도 'LBS 아동 바로미터'는 1998년에 조사가 시작된 이후로 교사가 학생을 대하는 태도는 점점 개방적으로 변해가고 있음을 보여준다. 이는 특히 선생님이 교체되었으면 하는 아이들의 소망이 점점 줄어들고, 수업 중에 용감하게 질문하는 일도 늘어나고 있으며, 자기 관심사를 더욱 당당하게 내세우게 되었다는 사실에서도 잘 드러난다. 또한 학생들은 자기 선생님에 대해서 이전보다 더 만족하고 있다.

아이들은 부모에 대해서도 평균적으로 10년 전보다 더 좋은 평가를 내리고 있다. 아이들 의견에 따르면, 부모들이 아이에게 방해받지 않고 자기만의 시간을 가지기를 원하는 일은 이전보다 줄어들었고, 아이의 문제에 대해 아이와 이야기를 나누거나 숙제를 돕고 다양한 여가활동을 가지는 일은 늘어났다.

그렇다면 아이들의 부담감은 대체 어디에 기인하는 걸까? 콘라트 아데나워 재단이 2008년에 발표한 <중압감에 시달리는 부모들>이라는 연구보고서는, 부모의 75%가 아이 학력이 자기 개인에게도 "대단히 중요하다"고 느낀다고 결론을 내렸다.[4] 1960년대 말 이른바 교육해방론(Bildungsemazipation)에 따르면 교육은 성공과 권력으로 가는 길을 열어주기 때문에, 야심에 가득 찬 수많은 부모들은 ─특히 대학졸업자들은─ 어떠한 희생이 따르더라도 자기 아이가 최고의 학력을 가지도록 만들고자 한다.

그러나 오늘날에는 노동시장 상황이 변했기 때문에, 더 이상 고학력이 자동적으로 높은 사회적 지위와 직업적 성공을 의미하는 것은 아니다. 그리고 이런 사태를 학교의 직무유기로 간주하는 경우도 많다. 하우프트슐레와 레알슐레 졸업생들이 종종 전문적 직업교육을 받을 만큼 성숙하지 못하고, 아비투어를 통과한 많은 학생들도 대학에서 요구하는 수준에 이르지 못한다는 얘기다. 그래서 공교육에 대한 신뢰도 급격하게 줄어들었다. 부모들은 무더기로 사립학교나 사교육으로 빠져나가고, 아이를 위해 (금전적으로) 가능한 것은 모두 해주었다는 사실에서 위안을 찾는다. 이제 독일 학생은 14명에 1명꼴로 사립학교를 다닌다.

많은 부모들은 아이에게 나무랄 데 없는 학교 교육을 제공해야 한다는 강박감이 너무 커서, 어마어마한 금전적 부담이나 가령 먼 통학 거리 등의 생활상 부담을 흔쾌히 짊어지곤 한다. 그런 부모들은 '제대로 된' 학교만 택해주면 이미 성공적인 삶으로 들어가는 입장권을 끊은 것이라고 생각한다. 도미니크의 부모도 아이를 전학시킬 것을 고려하고 있다. 어머니는 아이의 형이 다니고 있는 사립 김나지움에서 그룬트슐레 과정을 설치했다고 설명했다. 사립학교가 더 나은 이유는 학급당 학생 수가 적고 교사들이 이해심이 많고 도미니크의 짝처럼 성적이 부진한 아이는 들어오지 못하기 때문이라는 것이다.

이런 말이 구체적으로 하나하나의 경우에 있어 낱낱이 들어맞을까? 그건 판단하기 어렵다. 그러나 적지 않은 사립학교가 국공립학교에서 적응하지 못하는 허약하고, 무엇보다도 문제를 일으키는 학생들이 모이는 장소가 되었음은 반드시 짚고 넘어가야겠다. 그리고 어느 사립학교의 평판이 좋아서 학생들이 몰려든다고 해도, 그리고 학생들을 정선精選함으로써 비교적 동질적인 학습그룹이 생겨난다고 하더라도, 전학을 하는 일, 그래서 이미 익숙한 사회적 환경에서 벗어나는 일은 도미니크 같은 아이들에게 반드시 유익하지는 않다. 인간은 학교에서의 체험을 비롯해 다양한 경험을 통해 성숙해가기 때문이다. 그러니까 노골적인 성적 위주의 교육을 넘어서 자기와는 다른 사람들, 자기와는 다른 사회적 계층에 속하는 사람들, 다른 방식으로 배우는 사람들, 다른 가족적 배경을 지닌 사람들과 함께 모여 있는 것 자체가 매우 유익할 수 있다. 이른바 성공을 가져오는 길, 그 쭉 뻗은 지름길이 곧 인간을 행복하게 만드는 길은 아니다.

하지만 학생들의 부담이 점점 늘어나고 그래서 학교에 대한 두려움이 널리 번져가는 데에는, 부모가 점점 더 자녀의 학력을 중시하는 것 말고 다른 원인도 있다. 그것은 사회와 경제의 발전으로 말미암아 교육 개념이 변화한 것이다. 교육은 지식사회 및 정보사회에서 자유롭게 처분 가능한 자원이 되었고, '교육받은 사람'은 한낱 지식과 정보의 관리자로 변했다. 오늘날 우수한 학생이란, 무엇보다도 점점 짧은 시간 내에 점점 많은 학습내용을 습득할 수 있는 학생이다. 이것 역시 당연히 성적에의 압박감을 고조시킨다.

빌헬름 폰 훔볼트(Wilhelm von Humboldt)가 내세운 교육의 이상들을 돌이켜보는 것은 큰 의미가 있다. 이미 두 세기 전에 그는 사실과 숫자와 규칙을 외우는 주입식 교육을 분연奮然히 거부했다. 훔볼트에 의하면 교육이란, 학생의 사람 됨됨이가 성숙할 수 있고 다채로운 예술적, 과학적, 기술적 능력이 계속 발전할 수 있는 토대를 튼튼히 쌓아주어야 한다. 이런 일을 하려면 교육은 경제적 이해관계로부터 자유로워야 한다. 그리고 훔볼트는 이렇게 말했다. "인간은 세상을 최대한 어떤 가능성으로 파악하고, 힘이 자라는 한 자기 자신과 긴밀하게 관련시키도록 애써야 한다."[5] 물론 이것은 학습과정에서 거창한 기술적 수단들을 사용하여 정보사회의 데이터 흐름을 최적화해야 한다는 의미는 아니다. 이는 오히려 아이들이 주변의 세상을 이해하고 자신을 그 세상의 한 부분으로 이해할 수 있도록 도와야 한다는 의미이다.

우리 시대의 모든 백과사전적 지식을 아이들 머릿속에 저장하는 데 성공한다면, 아이들은 어쩌면 귄터 야우흐의 텔레비전 퀴즈쇼 <백만장자는 누구?>에 나가서 정말 백만장자가 될 수 있을지도 모른다. 하지만 진정한 지식은 갖추지 못할 것이다. 그러므로 우리의 학교에서는 단순한 지식 전달 외에도 학생들이 독자적 생각을 통해 그들이 배운 것을 진정한 지식으로 변화시키는 것이 중요하다. 이러한 지식이 있어야 다양한 지식의 요소들을 이어주는 연관관계를 이해할 수 있기 때문이다.

참교육은 인격체로서 진정한 지식을 쌓는 것이다. 그것은 단순히 전문적인 '스펙'이나 직업적 성공에만 기여하는 것이 아니다. 그것은 지식사회에 존재하는 돈으로 환산할 수 있는 재화 이상의 것을 의미한다. 학교 제도가 이러한 포괄적인 교육 개념을 기반으로 삼는다면, 우리 아이들은 물질만능주의의 압박에서 벗어나, 그리고 어쩌면 학교에서의 스트레스와 실패에 대한 두려움 없이 참교육을 받은 사람으로 성장할 수 있으리라.

그러나 오늘날 아이들은 학교에 대한 두려움 외에도 여러 가지 다른 두려움들로 인해 점점 더 심각하게 시달리고 있다. 다양한 연구 결과를 살펴보면, 아동과 청소년의 불안은 극적으로 증가하고 있다. 어떤 면에서 그들은 생존에 관한 부모의 근심을 –가령 실직에 대한 두려움 같은 것을– 물려받고 있다. 혹은 금융위기의 파장을 두려워하기도 한다. 독일 청소년의 3/4 이상이 20년 후 세계의 변화에 대해 걱정하고 있다. 대략 40%는 매우 심각하게 걱정하기까지 한다. LBS 아동 바로미터에 따르면 아동과 청소년의 불안 중 약 3/4이 빈곤 문제, 기후 변화, 자원 고갈, 온갖 질병, 전염병, 전쟁, 무장 분쟁 등에 관련된다. 아이들의 걱정 중 1/4만이 자신의 삶과 직결되는 것이다. 어린 시절에는 보통 자기 자신과 또래 친구들에 몰두한다는 사실을 생각할 때, 이건 놀라운 결과가 아닐 수 없다.

이러한 변화를 가져온 원인 중 하나는 "나쁜 소식이 곧 좋은 소식"라는 좌우명 하에 행동하는 대중매체들의 보도다. 아이들 방은 더 이상 보호받는 공간이 아니다. 온갖 참사慘事에 대한 정보가 전혀 걸러지지 않고 밀려들어와 아이들의 두려움을 자아내고 밤잠을 설치게 한다. 설상가상으로 우리의 초고속 사회의 시대정신도 이들의 불안을 북돋운다. 약육강식이라는 시장 법칙이 문화와 전통을 몰아낸다면, 자기 삶을 평가하는 모델은 단 하나 밖에 남지 않는다. 그것은 승자가 되거나 아니면 패자가 되는 것이다.

　이러한 경쟁과 소비와 자극이 범람하는 사나운 세계에서 익사하지 않으려면 아이들에게는 보호된 공간이 시급하다. 복잡다단한 성인 세계에 익숙해질 시간이 주어지지 않는다면, 아이들은 과부하를 받고 성장과정에서 지속적으로 피해를 입게 될 테니 말이다.

# 문제에서 해법으로

아이들은 무엇보다도 신체적으로나 심리적으로나 사회적인 과부하에 걸렸을 때 불행해지고 유별난 모습을 보인다. 이럴 때 걱정스러운 부모는 아이에게 병이라는 외투를 뒤집어 씌워 보호하고자 하거나, 아이의 그릇된 행동을 불행한 외부적 상황 때문으로 치부하기 일쑤다. 그건 얼마든지 이해할 수 있다. 그래야 자식이 부모의 기대를 충족시키지 못하는 이유를 적어도 부분적으로라도 설명할 수 있을 테니까. 동시에 부모 스스로는 책임으로부터 면제될 수 있을 테니까 말이다.

하지만 이러한 예외적 위치에 놓임으로써, 자기 자신을 알 수 없고 자신의 장단점도 찾아낼 수 없는 아이에게는 어떤 일이 일어날까? 다투고 갈라선 부모가 아이를 서로 자기편으로 끌어들이기 위해 오냐

오냐하기만 한다면, 그 버릇없는 꼬마 폭군에게는 어떤 일이 일어날까? 집에서, 컴퓨터 게임에서, 혹은 거리에서, 공격성과 폭력을 통해 다른 사람의 인정과 존경을 얻을 수 있다고 배운 성마른 아이는 어떻게 커갈 것인가? 무엇보다도 이 아이들이 학교에서 나와 현실의 삶 속으로 들어갈 때 무슨 일이 일어날까?

소위 허약하거나 불안해하는 학생의 불행한 상황에 대한 과도한 이해심도, 그리고 호전적인 말썽꾸러기에 대한 엄격한 제재도, 안타깝지만 문제를 해결하지 못한다. 아이들은 오로지 건설적인 사회적 공존 속에서만 비로소 독자적 인격체로 성장할 수 있다. 그러니까 자의식은 자기 행동을 의식적으로 느끼면서, 그리고 상대의 반응을 경험하면서 생겨나는 것이다. 가정에서 별의별 행동이 다 허용된다면, 아이는 더불어 잘 살기 위해서는 서로를 배려해야 한다는 사실을 경험하지 못한다. 그렇다면 선생님이 교사라는 직책이 부여하는 권위와 힘을 사용하여 아이더러 짝꿍을 괴롭히지 말라고 경고할 때, 아이는 그 상황을 이해하지 못할 것이다.

먼저 부모와 아이 간의 결속이 성공적으로 이루어져야만, 아동과 청소년을 공동체에 통합시킬 수 있다. 서로 다른 다양한 특성들을 지닌 가정이라는 장소는, 여전히 행복한 삶을 위한 토대가 놓이는 최초의 장소이며 결정적인 장소이다. 가족 구성원 간에 서로 공감하며 의사소통을 할 때 상호 존중과 인정, 서로에 대한 배려와 삶의 의미에 대한 감수성을 배울 수 있다. 이때 부모는 모범이 되어야 하고, 이를 위해 경우에 따라서는 실직, 질병, 이혼 등 자신의 문제도 극복할 도전으로 생각해야 한다. 스스로가 자신과 자기 행동에 대한 책임을 짊어질 만큼 성숙한 사람만이 자기 자식도 이런 능력을 갖추게 할 수 있다. 이때 아이를 언제나 아이로 여겨야지 지나친 부담을 주어서는 안 된다. 예를 들어 아이는 인생의 고비를 맞고 있는 어른을 돕기 위한 배우자로는 어울리지 않는다.

자극이 넘쳐나고 소비가 범람하는 이 세상, 요구와 기대가 지나친 이 세상에서 아이가 침몰하지 않고 계속 행복할 수 있으려면, 무엇보다도 의지할 수 있고 신뢰할 수 있으며 지지대를 제공할 수 있는 강한 부모가 필요하다.

가정의 범주를 벗어나면 학교가 무거운 과제를 짊어진다. 아동과 청소년의 자신감과 신뢰를 강화하고, 이들이 스스로에 대한 책임 및 타인에 대한 책임을 넘겨받도록 지원하는 과제다. 예를 들어 빌리-헬파흐 학교에는 학생들이 스스로 관리하는 카페테리아가 있다. 여기에서 청소년들은 경제적 성공이나 실패를 진짜로 경험한다. 어른들과 함께 협력하는 법을 배우고 부분적으로 그 "어린이 회사"의 종업원들에 대한 책임도 넘겨받는다.

한 사람의 됨됨이는 어려움과 문제를 극복하면서 겪는 경험들을 통해 계속 발전한다. 그러므로 위기 혹은 "난국"은 아동과 청소년에게 자기 자신을 속속들이 알게 하고 다양한 해결책을 시험해볼 기회를 제공한다. 그러나 중요한 것은 우리가 아이들 앞에 해결책을 툭 던져주는 것이 아니라, 아이들과 더불어 해결책을 찾아내는 것이다. 위기에 빠진 기업에 대한 컨설팅을 할 때, 그 회사에 일하는 전문가들의 견해를 무시하고 그저 처방전에다 해결책들을 쓱쓱 적어주는 사람이 어디 있겠는가! 어떤 의미에서는 아이들이야말로 자기 자신과 자기 행동에 대한 전문가이다. 다만 아이들의 아이덴티티가 성장하는 데 있어 부족한 것은, 외부에서 보는 객관적 관점이다. 그러므로 이 사각지대를 밝혀주어야만, 남들이 보는 아이의 모습을 통해 아이 스스로 그리는 모습을 보완할 수 있다.

그래서 아동과 청소년이 유별나게 행동할 때, 오로지 병리학적 관점에서 그 장애 증상만을 고려하여 이러한 행동을 처벌하거나 용서하거나 치료하는 것은 큰 의미가 없다. 아동과 청소년의 자기 통제 및 자기 책임 능력을 강화시키는 편이 더 낫다. 이를 위해서는 아이들이 자기의 느낌과 행동을 제어하도록 도와주어야 한다. 그러므로 질병과 문제로부터 우리의 시선을 돌려서, 몸과 마음의 건강이 어떻게 생겨날 수 있는지 물어야 한다.

미국과 이스라엘을 오가며 활동한 의학–사회학자 애런 안토노프스키(Aaron Antonovsky)는 20세기 하반기에 "건강발생론(Salutogenese)"이라는 개념을 발전시켰다. 질병의 근원을 묻는 "질병발생론(Pathogenese)"에 대립되는 이 개념은, 인간의 건강이 어떻게 발생하고 유지되는지를 연구하는 것이다. 안토노프스키 연구의 핵심은, 가령 어떤 사람들은 트라우마(외상外傷)나 결핍과 같은 외적인 부담을 똑같이 겪는데도 왜 다른 사람들보다 더 건강한지를 묻는 것이다. 그는 아무리 장애를 겪더라도 궤도에서 이탈하지 않는 사람들, 삶을 도전으로 이해하는 사람들이 육체적으로나 정신적으로나 다른 사람들보다 더 건실함을 발견했다.

안토노프스키에 따르면 역경 속에서 얼마나 건강할 수 있는가에 있어 결정적인 것은 그 사람의 "긴밀감緊密感 혹은 응집감凝集感

(Sense of Coherence)"이다. 긴밀감이란 세계와 자기 인생에 대해 지니는 사람마다 다른 근본태도로서, 이는 이해가능성 감각, 조작가능성 감각, 의미성 감각이라는 세 가지 요소로 이루어진다. 사람의 긴밀감이 클수록 외적인 부담에도 불구하고 건강의 손상을 덜 입는다.

강력한 긴밀감은 어떠한 특징을 지닐까? 강력한 긴밀감을 지닌 사람은 자신이 이 세상에서 제대로 방향감각을 유지할 수 있다는 사실(이해가능성)을 믿고, 상황을 극복하기 위해 잠재력을 활성화할 수 있다는 사실(조작가능성)을 믿으며, 무엇보다도 삶에는 의미가 있을 뿐 아니라 도전을 받아들이고 문제를 해결하기 위해 힘을 쏟을 가치가 있다는 사실(의미성)을 믿는다. 안토노프스키는 이 가운데서도 마지막 특징이 결정적이라고 보았다. 왜냐하면 삶에 대해서 긍정적 기대들이 없고 삶에서 의미도 발견하지 못한다면, 자기의 힘이 지닌 잠재력을 활성화하기 어렵기 때문이다.

건강발생론이라는 개념은 아동과 청소년들에게 긍정적인 근본태도를 북돋워주는 일이 얼마나 중요한지를 또렷이 보여준다. 앞서 언급한 특징들은 바로 우리네 아이들이 가졌으면 얼마나 좋을까 하고 바라는 인격적 특성들이다. 그래야 아이들이 스스로를 신뢰하고, 점점 복잡해지는 이 세계의 도전들을 받아들이고, 스스로 이를 극복할 수 있음을 믿을 수 있으니 말이다.

우리는 빌리-헬파흐 학교에서 '행복' 과목을 도입하여 긴밀감 혹은 응집감이 지배적인 인격적 특성들을 강화하려고 시도했다. 빈에서 활동하는 OECD 사회연구 담당관 에언스트 게마허(Ernst Gehmacher) 교수는 안토노프스키의 개념을 차용하여 우리 학교에서 "긴밀감 테스트"를 실시했다. 우리의 행복수업에 1년 이상 참가한 학생들의 긴밀감을 측정하기 위한 것이었다. "행복 학생"들은 이해가능성, 조작가능성, 의미성이라는 특징들과 관련하여, 대조군對照群에 비해 단연 높은 수치를 나타냈다. [Kontrolgruppe 혹은 영어로 *control group*이라고 표기되는 대조군은, 어떤 실험에서 직접 실험대상이 되는 집단과 비교하기 위해 구성하는, 실험처리를 하지 않는 집단을 가리키며, 비교집단이라고도 한다. −옮긴이] 하우프트슐레 8학년 학생들에 대한 설문조사에서도 이에 버금가는 양호한 결과들이 나타났다. 그들은 반년 동안 행복 교과목 수업을 마친 후 대조군과 비교할 때 더 강한 긴밀감을 보인 것이다. **6**

이러한 테스트 결과를 통해 행복 과목의 수업이 올바른 궤도로 나아가고 있다고 믿을 수 있게 되었다. 그러나 꼭 이러한 프로젝트가 아니더라도 발상의 전환은 시급해 보이며, 행동연구자, 스포츠 과학자, 신경생물학자, 신경심리학자들이 제공하는 지식들을 일상의 삶에서, 그리고 특히 학교에서 능동적으로 활용하는 일도 시급해 보인다.

# 둘,
# 위기에서 배워라

행복한 아이가 행복한 어른이
되려면, 역경에 무력하게 내던져져 있을 게
아니라, 자기 삶을 스스로 움켜쥐고 능동적으로
만들어나갈 능력이 있어야만 한다. 그리고 우리
어른들은 아이들이 그렇게 하게끔 도울 수 있다.
타고난 지구력과 적응력을 강화시킬 전략과 방법을
가르쳐줌으로써 말이다.

## 슈퍼스타의 꿈

어린아이나 청소년이 부모와 사회의 기대 때문에 점점 더 부담을 받게 되고, 앞날이 흐릿하거나 심지어 캄캄하게 느낀다면, 그들 중 많은 아이들이 성공적인 미래를 약속하는 꿈의 세계로 도피한다고 해서 놀랄 수 있겠는가?

자라나는 아이들에게 성공이란 것은 엄청나게 중요한 일이다. 성공은 인정認定과 결합되어 있기 때문이고, 또 높은 사회적 지위를 가져다주기 때문이다. 아동과 청소년에게는 (그 애들 말투로 하자면) "루저" 또는 "희생양"이 되는 것보다 더 끔찍한 일은 없다. 그러므로 많은 대중매체가 "누구든지 순식간에 무명에서 슈퍼스타 혹은 톱모델이 될 수 있어!"라고 아이들을 꼬드기는 것은 잘못이다. 그렇지 않아도 세상이 인정해주기를 목말라하는 청소년들에게 그런 약속은 불난 데 부채질을 하는 격이다. 아이들은 비현실적인 기대를 가지게 된다.

사회가 풍요로우면 물질적 욕구야 대체로 충족되지만, 행복을 위해서는 물론 이것만으로는 모자란다. 우리는 사회적 존재이기에 타인의 인정을 어느 정도 필요로 한다. 오늘날에는 다른 사람들의 주목을 끌고 다른 사람들에게 가치 있는 사람으로 비치려면, 단지 안정적 수입, 유별난 옷, 고급차 같은 전통적인 신분의 상징만으로는 부족하다. 어딘가 특별한 존재로 인정받고 청소년들에게 모범으로 선택받으려면 어떤 매력적 요소를 뿜어내야 한다. 오늘날처럼 스타 숭배가 극심한 적은 일찍이 없었다. 배우, 가수, 모델, 축구선수, MC 등을 한없이 경탄해마지 않는 것은 비단 청소년뿐만이 아니다. 엠니트(Emnid)라는 기관의 설문조사에 따르면, 이제 독일인의 절반은 귄터 야우흐(Guen-ther Jauch)가 독일 총리였으면 하고 바란다. *[야우흐는 독일의 유명한 토크쇼 사회자—옮긴이]*

연예기획사는 청소년의 이런 갈망을 알아차리고 손을 내밀어 돕겠다고 나선다. 청소년들은 —때로 야심에 가득한 그 부모들은— 연예기획사에 의해 발굴되려고, 그리하여 모델과 배우 목록에 오르려고, 어마어마한 수수료를 지불한다. 그렇다고 성공하는 경우는 극히 드물지만, 그래도 눈앞의 기회를 차버리지는 않아야겠다는 생각에 사로잡히는 것이다.

청소년들은 "세컨드 라이프" 같은 컴퓨터게임에서 이른바 자유로운 "다른 삶"을 사이버 공간에서나마 무료로 미리 맛볼 수 있다. 새로운 방식의 삶을 시험 삼아 누려보고, 자신을 만천하에 공개하고, 다른 사람들이 자기를 내보이는 것을 엿보면서 즐긴다. 마이스페이스나 페이스북 등의 인터넷 플랫폼을 활용하여 자신을 연출하고 디자인한다. 자기의 정체성에 대한 물음은 내적인 성찰이 아니라 사이버 공간에서 친구들 숫자나 구글에 나타나는 빈도로 답변을 얻는다. 그래서 자수성가한 사람을 뜻하는 셀프-메이드 맨(self-made man)이라는 개념은 전혀 새로운 의미를 가지게 된다. 청소년들은 물론이고 그 밖의 다른 사람들까지도, 점점 인터넷에 남긴 이른바 디지털 흔적을 통해 "자아"를 만들어내는 것이다. 이런 일들이, 마치 문신文身이나 마찬가지로, 장기적으로 매우 부정적인 영향을 미칠 수 있다는 것도 간과하기 십상이다. 예를 들어 얼마 전 파티에서 장난으로 찍은 동영상을 유튜브에 올린 일이 끔찍한 결과로 귀착될 수 있다. 취업하고 싶은 회사의 인사과장이 면접에서 하필이면 이 창피스러운 비디오에 대해서 이야기를 꺼내면, 구직자는 해명하기 난처해질 게 아닌가. 그런 짧은 동영상은 다운로드한 모든 사람들에 의해 언제고 다시 업로드 될 수 있기 때문에 영원히 사라지지 않는 흠집이 될 수 있다.

물론 꿈을 꾸는 일은 허용될뿐더러 원칙적으로 전혀 해로운 것도 아니다. 아이들에게는 꿈이 필요하고 공상도 필요하다. 거기에서 갈망이 생겨나고 후일 명확한 계획이나 목표도 생겨날 수 있는 것이다.

피츠버그의 카네기 멜런 대학 컴퓨터공학과 교수이며 불치의 췌장암을 앓았던 랜디 포시(Randy Pausch)는 생전의 마지막 강의에서 꿈을 가지는 일, 나아가 그것을 실현하고자 노력하는 일이 얼마나 중요한지를 역설했다. 그는 대학생들이 부모의 꿈을 실현하려고 할 때 비참하게 실패하는 일을 여러 차례 보았다. 그래서 포시는 자기 자식들에게 이렇게 조언했다. "너희는 내가 무얼 원하는지 골머리를 썩일 필요가 없다. 너희 자신이 되고 싶은 사람이 되는 것을 원하니까."[7]

　　그렇다, 그의 말은 온갖 꿈을 몽땅 다 실현하는 게 좋다는 뜻이 아니었다. 틀림없다. 오히려 어떤 꿈이 한낱 일장춘몽一場春夢이거나 심지어 현실 도피에 불과한지, 그리고 어떤 꿈이 추구할 가치가 있는지를 뚜렷하게 자각하는 것이 중요하다. 부모와 교사의 사명은 아동과 청소년의 꿈과 소망을 진지하게 받아들이고 그로부터 구체적인 표상과 인생 목표를 싹틔우도록 돕는 것이다. 보통 아이들에게는 현실적인 삶의 목표를 찾기 위해서 필요한 경험이 모자라기 때문이다. 그리하여 대중매체에 등장하는 인물들을 본보기로 삼고 거기에 자신을 동일시하고 그들을 따라 하기 십상이다. 거대한 유혹들이 여기저기 산재한 이 시대에 어른들은 아동과 청소년이 가상과 현실을 구별하도록 도와주어야 한다.

　　내가 어렸을 때는 음악가가 되어 밴드에서 연주하면서 여성 팬들의 환호를 받는 것이 제일이었다. 비틀즈는 그런 일이 그리 어렵지 않다는 것을 우리에게 보여주는 것만 같았다. 그들처럼 인생의 무대에서 명성과 성공과 그에 따르는 모든 것을 누리는 것은 나의 꿈이기도 했다. 유감천만이지만 특출한 음악적 재능이 없었기에, 꿈이란 게 흔히 그런 것처럼, 나의 이 꿈도 곧 깨져버렸다. 그래도 나에게는 스스로를 연출할 조그만 무대가 남아있었다. 1960년대 청소년들에게는 라이브 뮤직이 있는 티 댄스의 인기가 하늘을 찔렀는데, 거기에서는 신나게 춤을 출 수 있었다. [티 댄스(Tanztee)는 오후에 모여서 다과를 나누고 춤을 추는 사교 행사 ─옮긴이] 그리고 거기에서는 쉽사리 소속감을 느낄 수 있었는데, 그 리버풀 출신 청년들을 흉내 내어 너나없이 똑같은 머리 스타일과 '댄디'한 옷차림을 했기 때문에 더욱 그랬다. 그때 우리는 그런 헤어스타일과 옷이 거부할 수 없는 매력을 준다고 여겼다. 물론 어른들이야 우리 생각에 동의하는 경우가 거의 없었지만, 바로 그 때문에 우리가 더 열광했는지도 모를 일이다.

음악 경연대회도 당시 최신 유행 가운데 하나였는데, 이런 대회는 시청이나 군청의 강당에서 열렸고 보통은 밴드가 출연했지만 솔로도 심심찮게 출연하곤 했다. 마지막에는 누가 제일 잘 했는지 청중들이 표결했다. 당연히 우승자들이 특별한 환호를 받았지만 탈락자들도 이에 못지않게 커다란 박수갈채를 받았다. 물론 이러한 박수갈채는 때로는 음악성보다는 그저 거기 참가한 용기에 대한 것이기는 했지만. 이런 대회는 그 뮤지션들에게는 소수의 청중 앞에서 시험 삼아 연주해보거나 아니면 그저 한번 신명나게 놀아볼 수 있는 더없는 기회였다.

이제 그런 대회들이 사라지면서, 대중매체들이 일제히 주목하는 가운데 최대한 멋지고 심금을 울리는 스토리를 수반하는 초대형 이벤트가 나타났다. 참가자들은 캐스팅과 예심의 관문을 힘겹게 거친다. 명사들로 이루어진 심사위원단은 청중을 즐겁게 하기 위해서 중간 중간 온갖 재치 있는, 혹은 재치 있다고 스스로 생각하는 논평을 내놓는데, 이런 논평들은 참가자들을 원색적이고 졸렬하게 비꼬기를 좋아한다. 여기에서 "슈퍼스타"나 "톱모델"이라는 꿈과 "루저"라는 악몽 사이의 경계는 흐릿하다. 여러 차례의 방송을 거쳐 마침내 선발되는 우승자는 팬들의 심장을 두근거리게 하지만, 물론 대개는 그런 것도 잠시뿐이다.

　　대중매체로부터 청소년을 보호한다는 관점에서 보면, 이러한 방식의 텔레비전 프로그램들이 상당히 미심쩍다는 점은 말할 나위도 없다. 텔레비전 방송사의 상업주의 탓에 연출과 편집 방식은 어쩔 수 없이 시청자의 관음증觀淫症을 자극하는 방향으로 나간다. 이를 위해 모든 수단이 정당화된다. 카메라는 언제나 청소년들의 한 걸음 한 걸음을 뒤쫓으면서 그 다음 스토리를 찾는다. 또한 시청자의 감정을 사로잡기 위해서 특히 당황한 부모들과 전화 통화를 하여 눈물을 터뜨리게 한다든지, 아이들이 탈락한 후에 분노를 터뜨리는 장면을 내보내는 것이 좋다. 참가자들은 사생활을 전혀 보호받지 못할 뿐더러, 카메라에서 벗어날 방법도 도무지 없다. 이 청소년들은 아무런 연민도 없이 무자비하게 굴욕을 당하는 것이다. 이를 통해 인간에 대한 무례함은 전全사회적 현상이 되고, 패자들은 좌절에 빠진다.

　　우리 학교의 코르넬리우스라는 학생에게도 이런 일이 일어났다. 열여덟 살인 이 아이는 TV 프로그램 독일이 찾는 슈퍼스타에 응모하는 데 성공했다. 코르넬리우스는 누구에게나 호감을 주며 아주 인기 있는 학생이었고, 학교의 이런저런 행사에서 노래를 불러 우리를 열광시켰다. 그리고 마침내 때가 무르익었다. 코르넬리우스는 슈퍼스타가 되고 싶었던 게다. 하지만 슈퍼스타로 가는 길에는 당연히 어마어마한 시간과 노력이 필요했고, 학교에 다니는 코르넬리우스로서는 이러한 시간을 내고 노력을 들이는 일이 호락호락하지 않았다. 수개월에 걸친 캐스팅과 예심을 거치면서 아이의 성적은 점점 뒤처졌다. 아이는 숙제를 하지 않았고 전체적으로 어수선하고 산만해졌다. 마침내 우리는 아이를 면담에 불러 그와 함께 해결책을 찾고자 했다. 그러나 아뿔싸, 우리가 아무리 설득을 하고, 성적이 나아지지 않으면 유급할지도 모른다고 말해도 막무가내였다. 코르넬리우스는 슈퍼스타의 꿈을 이룰 이 기회를 그냥 흘려보낼 마음이 조금도 없었다.

아이에게는 그 학년이 어차피 잃어버린 것이나 마찬가지 였으므로, 우리는 아이가 수많은 촬영과 예심에 참여하도록 수업을 면제해주기로 결정했다. 우리가 이렇게 지원해주는 것이 아이에게 힘을 주고, 그 다음 해에 공부를 계속하도록 의욕을 불어넣어줄 것이라고 기대했기 때문이다.

그러나 여름방학이 끝나고 새 학년이 시작되어도 코르넬리 우스는 여전히 그 대회에서 경주를 계속하고 있었다. 아이는 디터 볼렌(Dieter Bohlen)의 초대로 베를린으로 갔다. 특급호텔의 사치스러운 생활이 그를 기다리고 있었다. [디터 볼렌은 독일의 대중가수 —옮긴이] 아이는 이미 거의 스타가 되었다고 느꼈다. 우리는 아이에게 다행스러운 일이라고 못내 기뻐했지만, 한편으로 불안하기도 했다. 그처럼 순식간에 떠오른 후에는 순식간에 추락할 수도 있고, 화려한 대중매체의 세계를 가로지르는 숨 막히는 청룡열차는 급기야 엄청난 마음의 상처를 남길 수도 있기 때문이다.

코르넬리우스의 스트레스는 베를린에서 제대로 시작되었다. 그 경쟁의 와중에 아이는 호텔 안이건 호텔 밖이건 가리지 않고 줄곧 카메라에 추적당했다. 50명을 가리는 심사에서는 합격했지만, 마지막 25명 후보자로 발돋움하는 데는 실패했다. 마침내 떨어지고 만 것이다.

코르넬리우스에게는 세상이 무너져버린 셈. 탈락자는 즉시 짐을 꾸려 그 특급호텔을 떠나야 한다는 규칙이 이 아이에게는 특별히 가혹하게 느껴졌다. 슈퍼스타의 꿈은 마치 비누거품처럼 터져버린 것이다. 아이는 깊은 회한에 빠져 집으로 돌아왔다.

이 감당키 어려운 '패배'의 시기에 아이한테 절실하게 필요했던 것은 위로와 지원이었다. 부모가 아이를 위로하고 지원했다. 그러나 아이는 일단 학교는 피하고 싶었다. 친구와 선생님들이 던질 집요한 질문들이 두려웠기 때문이다. 한동안 그는 학교에 오지 않았고 그다음에도 아주 드문드문 나타났다. 성적은 점점 떨어졌다. 하지만 그 학년을 또 반복하는 일은 아예 불가능했다. 결석이 너무 많았기 때문이다. 교사들이 신신당부하고 코르넬리우스는 앞으로 잘 하겠노라 약속했지만, 아무 것도 변하지 않았다. 언제부터인가 아무도 아이의 약속을 믿지 않게 되었다. 어쩌면 아이 자신도 스스로를 믿지 않게 되었을 것이다.

하는 수 없이 학급협의회를 소집하고, 코르넬리우스, 교사들, 그리고 교장인 나 외에 아이의 부모도 참가했다. [학급협의회(Klassen-konferenz)는 각 학급 관련 사안이나 상벌 문제 등을 논의하는 독일 교육법상 기구로서, 교장, 관련 교사, 학생 대표자, 관련 학생 및 학부모 등이 참가할 수 있다. ─옮긴이] 아이는 다시 한 번 이런저런 약속을 했고, 어머니는 아들이 대회에서 탈락한 사실에 너무 실망해서 그런 것이니 이해해 달라고 간청했다. 그 다음에 말을 시작한 아이 아버지가 문제를 정확히 지적했다.

"코르넬리우스는 집에 틀어박혀서 누군가가 자기를 찾아내 주기만 기다리고 있습니다.”

코르넬리우스는 능동적으로 만들어나가기보다는 수동적으로 참아내는 역할을 택했던 것이다. 이처럼 웅크린 상태로 꼼짝달싹도 않고 아주 사소한 결정을 내릴 능력조차 잃었으니, 하물며 자기 운명을 스스로 장악할 능력은 더욱 없었다.

이제까지의 조치가 죄다 실패했기 때문에 우리는 일일 정학 처분을 내렸고, 아이가 태도를 바꾸지 않는다면 부득이 퇴학을 시킬 수밖에 없다고 밝혔다. 이런 조치는 가뜩이나 툭하면 결석하는 학생으로 하여금 더욱 그릇되게 행동하도록 만들 수도 있다. 그래서 우리는 이를 보완하기 위해 오래 전부터 다른 의무조항들을 덧붙이고 있었다. 즉, 정학 처분을 받은 당일에는 첫 수업시간에 맞춰 교무실에 와서 학급협의회 회의록에 서명해야 한다. 그런 다음 곧바로 다시 학교를 떠나서, 여러 가지 숙제를 마쳐야 한다.

학급협의회 다음날 코르넬리우스는 학교에 와서 회의록에 서명했고 나한테서 숙제를 받아갔다. 나는 아이더러 반성문 양식으로 다음과 같은 질문에 답하라고 지시했다. 그 노래시합 전에는 가정과 학교에서, 그리고 친구들과 함께 있을 때 어떤 느낌이었는가? 가족과 교사와 친구는 너에게 어떤 의미가 있는가? 그 대회에 참가한 이유는 무엇인가? 베를린으로 갈 때의 기분은 어땠고, 스타들과 만나거나 다른 경쟁자들과 만나는 일은 너 자신에게 어떤 의미가 있었는가? 자신의 목표를 이루지 못한 데 대해 너 자신의 책임은 얼마나 있는가? 대회에서 탈락한 것이 좋은 구석도 있다고 생각하는가? 어떤 목표들이 네게 의미가 있고, 그 목표 달성을 위해 학교는 어떤 역할을 하는가?

다음날 코르넬리우스는 여러 장의 글을 가지고 나를 찾아왔다. 아이는 이 글에서 자기가 꿈을 꾸다가 아늑한 자기 집에서 깨어난 사람이라고 적었다. 물론 스타가 되고 싶은 마음은 변함없지만, 그 목표를 이루는 데에는 이런저런 캐스팅이 아니라 학교가 도움이 될 것임을 깨달았노라고 했다. 쇼 비즈니스에는 늘 친절한 사람들만 있는 것은 아니고 거금이 오고가는 삭막한 세계라는 것이다. 이에 비해 학교는 자기를 강하게 해주고 그 스산한 곳에서도 견뎌낼 능력을 줄 것이다. 그리고 아이는 경제 과목을 배우면 이런저런 어리석은 금전 거래를 피할 수 있고, 영어와 국어 공부는 음악 비즈니스에서 어차피 필수불가결하다고 적었다.

이제 어느 정도 시간이 흐른 지금, 코르넬리우스에 대해서는 일말의 불만도 없다. 아니, 오히려 그 반대이다. 아이는 명랑하고 수업에 흥미를 가지고 있고 과제도 믿음직하게 수행한다. 그리고 자신감을 되찾았다. 얼마 지나지 않아 아이는 무대에 등장해 노래를 부르고, 다른 학생들이 "육식 없는 월요일(Meat Free Monday)" 캠페인에 동조하도록 만들기도 했다. 폴 매카트니가 주도하여 기후 보호를 위해 육식을 줄이자는 운동이었다.

이 행사가 끝난 다음 나는 코르넬리우스에게 물어보았다. 그 위기의 시기에 넌 어떤 느낌을 가졌었지? 그 와중에서 긍정적 방향으로 바뀐 결정적인 분기점은 무엇이었지? 아이는 독일이 찾는 슈퍼스타에 지원함으로써 꿈을 실현할 기회가 눈앞에 다가왔다고 믿었기 때문에, 그 당시엔 아주 의기소침했었다고 말했다. 그래서 탈락한 후 머리를 망치로 맞은 것처럼 충격을 받았다고 했다.

"베를린에서 일어난 일은 제 인생의 길에 마치 유성이 쏟아져 내린 것 같았어요. 모든 게 바뀌었거든요. 옴짝달싹도 할 수 없었어요. 그저 제자리걸음하고 있다는 느낌뿐이었죠. 하지만 학급협의회를 거치면서 전 다시 움직일 수 있게 되었어요."

학교에 가긴 하지만 거기 머물 수 없다는 그 경험이 분명 코르넬리우스에게 깊은 인상을 남겼다. 그 날 아이는 곧장 집으로 돌아갔는데, 기분이 아주 좋지 않았다고 내게 설명했다. 머릿속에는 오만가지 상념이 오갔다. 마침내 아이는 (내가 던졌던 질문들에 자극을 받아서) 슈퍼스타 꿈을 꾸기 전의 시간에 대해 곰곰이 생각해보기 시작했고, 결코 단념하고 싶지 않은 멋진 일들을 많이 떠올렸다. 아이는 이렇게 말했다.

"갈림목까지 길을 거슬러가는 기분이었지요. 그리고 상당히 구체적으로 미래를 그려보면서 마음의 평정을 되찾고, 학교 교육을 더 잘 받는다면 목표에 더 수월하게 도달할 수 있겠구나 하는 생각이 들더라고요. 그러자 다시 학교에 가고 싶다는 소망이 별안간 떠올랐어요. 다행스럽게도 부모님과 친구들과 선생님들은 제가 다시 학교생활을 시작할 때 아주 많이 도와주었어요."

코르넬리우스의 예는, 청소년들이 자기가 조감鳥瞰할 수 없는 이 세상에서 가치 있는 목표를 찾아내는 일이 때로는 얼마나 어려운지를 분명히 보여준다. 그러나 이 예는 또한 우리가 자라나는 아이들을 좌절로부터 감싸고 보호할 수 없음도 보여준다. 그럴수록 우리는 아이들이 실패를 겪은 다음에 새로운 목표를 찾거나 예전 목표를 다소 변화시키도록 도와야 한다. 어떤 일이 있어도 아동과 청소년이 지적으로나 정서적으로 강해지도록 거들어야 한다. 그래야 아이들은 다시 한 번 시도하기 위해 자신의 잠재력을 활성화할 수 있는 것이다.

코르넬리우스는 나와 이야기를 나누면서 정서적으로 파란만장했던 그 방황에 대해, 달리 표현하자면 목표를 찾아가는 과정에서 자기가 느낀 다양한 심리적 상태에 대해, 설명해주었다. 그는 슈퍼스타가 되려는 소망 때문에 사랑받고 인정받는 친구이자 동료학생으로서 가지고 있던 견고한 균형감각을 잃어버렸다. 최초의 성공과 이로 인한 긍정적인 기분 덕택에 아이는 목표를 향해 가기 위한 모든 잠재력을 활성화하는 데 성공했었다. 하지만 결국에는 아쉽게도 실패를 감내해야 했다. 느닷없이 지위를 상실하고 특급호텔에서 "내쫓겼다는" 사실은 부정적인 감정을 북돋우었고, 아이가 아무 행동도 못하게 만들었다. 일종의 마비 상태, 달리 말하면 견고한 불균형 상태에 빠졌다. 이 모든 것을 코르넬리우스는 유성이 추락하여 만사가 뒤바뀌었노라고 비유한 것이다.

이제까지의 자신에 대한 생각이 ("나는 창의적이고 역동적이어서 주위의 사랑을 받아, 난 그런 자신에 만족해.") 무너지고 이제까지의 가치 체계가 ("난 노력만 하면 성공할 수 있어.") 사라지자 아이는 '루저'가 되었다고 생각했고, 그래서 온갖 부정적 결과들이 생긴 것이다. 부모는 물론 아이의 이러한 무기력한 상태를 깨달았지만, 아이가 그런 상황에서 빠져나오도록 할 적절한 수단이 없었다. 코르넬리우스가 한 가지 계획을 세우고 자기 미래를 구상했건만, 그게 깡그리 무너져 내린 탓이다. 이제 필요한 것은 정신적 폐허를 재건하거나 적절한 대안을 함께 찾는 것이리라. 독일이 찾는 슈퍼스타에서 예순 명의 후보자에 든 것만 해도 대단한 일이고 아이의 재능을 보여주는 것이기 때문이다. 그런 식으로 혜성처럼 나타났다가 사라지는 슈퍼스타가 되는 대신, 대학에서 음악을 전공하는 것도 아마 적절한 대안일 수 있으리라. 물론 부모의 위로와 이해심이 코르넬리우스에겐 퍽 소중했고 그가 우울증에 푹 젖어들지 않도록 막아주긴 했지만, 아이는 이것만으로는 새로운 목표를 찾을 수 없었다.

만약 아이가 곧바로 슈퍼스타라는 꿈에 작별을 고하고 또렷한 경계선을 긋도록 부모가 도왔더라면 더 좋지 않았을까. 가령 초대장과 기차표나 기타 서류 따위를 몽땅 태우는 일종의 의식을 거행했더라면 어땠을까. 아무튼 아이가 그 과거를 잊고 새로운 미래로 향하는 창을 열도록 만드는 일이라면 무엇이든 좋았으리라.

우리 학교 측에서는 코르넬리우스가 일일 정학과 그 날 할 일들을 통해서 일단 내면적으로 동요하도록 만들어주었다. 아이가 새로운 방향을 설정할 수 있게 하자는 의도였다. 이런 방식으로 아이는 부정적인 자화상에서 벗어나 새로운 긍정의 목표를 발견할 기회를 가질 수 있었다. 이 슈퍼스타 사건 이전의 나날에 대한 아름다운 기억들, 그리고 부모와 학교의 지원은 아이가 새롭게 정서적 안정과 힘을 가질 수 있게 해준 것이다.

정규 학교 교육이 장차 음악의 경력을 쌓아나가기 위한 기초가 될 수 있음을 코르넬리우스가 깨달은 순간이 하나의 분수령이 되었다. 스타가 된다는 목표는 여전하지만, 이제 학교를 다니는 것이 아무 짝에도 쓸모없는 시간낭비가 아니라 그 목표를 이루기 위한 수단이 되었다. 인생의 원대한 목표에 도달하기 위한 여정의 중간 목표인 것이다. 그리고 인생에 있어서의 장기적인 목표와 학교라는 단기적 목표 사이의 융화는 학교생활을 새로이 시작할 동기까지 부여했다. 물론 코르넬리우스는 학교와 부모의 지원을 받았지만, 결국 자기 힘으로 스스로의 잠재력을 발견하고 이를 이용하여 다시 일어설 수 있게 된 것이다.

이러한 과정에서 결정적인 요소는 관점의 변경이었다. 그러니까 우리는 건강발생론적 관점에서 코르넬리우스의 시선을 자신의 튼튼하고 발전 가능한 측면으로 유도했던 것이다. 그래서 아이는 문제로부터 해법으로 몸을 틀어, 스스로에 대해 책임을 지는 자기 문제의 전문가로서 능동적으로 행동할 수 있었다. 자기 목표에 대한 새로운 정의, 그리고 가령 주변 사람들이 모두 아이의 "부활"을 기뻐하는 등의 긍정적인 부수현상들은 코르넬리우스가 한동안 잊고 있거나 다가서지 못했던 잠재력을 활발히 움직이게 만든 것이다.

코르넬리우스는 마침내 자기 길을 찾았다. 그의 이야기는, 우리 아동과 청소년들의 인성을 체계적으로 강화시키고 그들이 책임과 자율을 지닌 사람으로 성장하면서 비현실적인 백일몽을 현실적인 목표로 변화시키는 법을 일찌감치 배우도록 하는 것이 얼마나 중요한지를 보여주기도 한다. 하지만 그렇다고 해서 그들이 목표를 향해 가는 과정에서 우리가 마치 셰르파처럼 앞서 걸으면서 그들이 자일을 잡고 오도록 만들어서는 안 된다. 아이들은 자기 삶을 스스로 움켜쥐는 것이 무엇인지, 스스로 강해지고 스스로 무언가 행한다는 것이 무엇인지를 체득해야 한다. 자기 길을 걸으면서 장애물을 치우는 법을 배워야 한다. 어른의 구조救助용 자일은 다만 아이들이 실족하지 않도록 지켜주고 아이들이 위험을 감수하고 실패를 감내할 수 있다는 자신감을 가지도록 도울 뿐이다. 교육이 이런 식으로 어른스러워지도록 도울 때에 아동과 청소년은 그저 다른 사람들이 너나없이 앞 다투어 하는 일들, 혹은 다른 사람들이 자기에 대해 기대하는 일들만을 하는 상태에서 벗어날 수 있다. 아이들이 자기 욕구를 깨닫는 능력을 차곡차곡 계발하는 것은 기본적으로 매우 중요하다. 그래야만 진정으로 자유롭게 결정을 내릴 수 있기 때문이다. 그러려면 무엇보다도 자기 자신이 원하는 것과 다른 사람들이 자신에게 바라는 것을 분간할 줄 알아야 한다. 그래야 욕망과 의무 사이의 균형이 잡힌 가운데 자신의 행복을 찾을 수 있으니까.

물론 물질만능의 우리 사회에서 이런 일은 언제나 용이한 것만은 아니다. 이 사회에서는 재력과 행복이 동의어라고 여긴다. 이 사회에서 욕망은 자기의 꿈과 소망으로부터 유래하거나 기초적 생계유지를 위한 것이 아니라, 점점 더 교묘해지는 광고들을 통해 작위적作爲的으로 일깨워지는 것이다.

행복수업

# 행복을 돈으로 살 순 없다

부의 증가는 특정 소득 수준까지만, 그리고 단지 제한된 정도로만, 인간의 만족감에 영향을 끼친다. 다양한 연구 결과들이 그렇게 말하고 있다. 1974년 미국의 경제학자 리처드 이스털린(Richard Easterlin)은, 생존을 위한 기본 욕구, 즉 의식주에 대한 욕구를 충족시킬 수 있는 수준까지만 경제성장이 행복감을 증가시킨다는 사실을 발견했다. 어떤 포화점을 넘어서면 소득 증가는 여간해서 행복감을 증가시키지 못한다는 것이었다.

이것이 지난 25년 간 "부자" 나라들의 국민총생산은 거의 두 배가 되었으나 그들의 행복감은 정체되어 있는 이유이기도 하다.[8] 그러므로 돈이 우리를 어느 정도 행복하게 하는지는 돈을 계좌에 이미 어느 정도 가지고 있는지에 반비례한다. 달리 표현하면 기본적인 욕구들이 이미 충족되었느냐의 여부에 달려있다는 것이다. 그러므로 독일의 250만 빈곤층 자녀에게 행복과 돈의 상관관계는, 평균적인 중산층 자녀보다 단연 더 또렷하게 나타난다.

가정환경이 궁핍하면 아이들은 고생할 수밖에 없다. 열두 살배기 마리아네의 홀어머니는 매일 이른 아침에 신문을 배달한다. 실업급여라고 쥐꼬리에 불과하기 때문이다. 그래서 마리아네는 아침마다 혼자 일어나야 한다. 그러나 간혹 늦잠을 자서 아침도 못 먹고 등교하는 일도 있다. 단 몇 유로만 더 있어도 두 사람의 행복감은 훨씬 커질 것이다. 어머니는 새벽 다섯 시에 나가지 않고 딸을 깨워서 아침식사를 줄 수 있을 테니까. 시험이 다가오면 마리아네를 격려해 줄 수도 있고, 아이가 잊어버리기 쉬운 체육시간 준비물도 챙겨주고, 작별인사로 이마에 뽀뽀도 해줄 수 있을 테니까 말이다.

그리고 금전적으로 조금 더 풍족해진다면 마리아네의 행복감도 더 커질 것이다. 그러면 또래 아이들 사이에서 소외감을 느끼지 않을 것이므로. 아마도 때로는 친구들과 영화관에도 갈 수 있고, 학급 여행에도 같이 갈 수 있으리라. 최소한 이따금은 반 친구들처럼 멋진 브랜드 의상도 몇 벌 살 수 있을 것이다.

사람들은 다른 사람들과 자신을 견주어보곤 한다. 그러니까 행복감은 절대적 소득 수준에만 달려있는 것이 아니라, 다른 사람이 무얼 가졌느냐에도 좌우된다. 만약 마리아네와 어머니가 크로아티아의 자그레브에 있는 친척들 옆에서 지금 같은 소득으로 살고 있다면, 삶에 대한 주관적 만족감은 아마 여기에서보다 월등하게 높았을 것이다. 설령 크로아티아 물가가 독일과 엇비슷해서 크로아티아에서도 독일과 비슷한 정도밖에 물건을 살 수 없다고 하더라도 말이다. 크로아티아에서는 평균 생활수준이 여기보다 낮으니까 마리아네는 다른 아이들과 자신을 비교하면서 울적하거나 시기심을 가질 까닭이 없을 터. 그러면 아마 유명 브랜드 옷을 사고 싶은 욕구조차 전혀 없으리라.

"가진 만큼 대접받는다."라는 좌우명이 기승을 부리는 사회에서는, 대다수의 사람들보다 재정상태가 나쁘면 불행을 느끼게 된다. 궁색한 살림살이가 부끄러워 급우들을 집에 데려오기를 싫어하는 아이들, 주머니가 비어서 학교 행사나 영화관 방문과 같은 여가활동에 끼이지 못하는 아이들은 종종 다른 아이들보다 자존감이 현저하게 낮다. 그리고 이렇게 되면 어떤 후유증이 나타나기 마련이다.

이런 아이들은 자기 목소리를 낼 수 없으므로, 그리고 금전적인 면에서 다른 아이들과 어깨를 나란히 할 수 없으므로, 친구들과 어울리고자 하는 욕구를 잃기 십상이다. 아이들은 부모로부터 벗어나는 과정에서 피어(peer) 그룹, 즉 동년배 집단에 속하려고 하는데, 그러기 위해선 대개의 경우 그 집단의 규범들을 지켜야 한다. 옷차림, 음악, 생활 스타일 등도 이런 규범일 수 있다. 거기 속하지 못하면 외톨이로 지내거나 시기심이나 미움 때문에 공격적으로 변한다.

최근에는 청소년들이 또래들의 돈을 훔치거나 협박과 폭력을 통해 비싼 물건을 빼앗는 일이 걸핏하면 일어난다. 그들이 이런 행동을 하는 이유는 단지 그런 물건을 가지기 위해서만은 아니다. 혼자서 혹은 집단적으로 자기 힘을 느끼고 또래들로부터 존중을 받으려는 의도도 있다. 그리고 그들로서는 이것만이 어떻게 해서라도 타인에게 주목을 받고 의미 있는 인간으로 인정받을 수 있는 단 하나의 방법인 경우도 많다.

　　그러나 이런 청소년들이 단지 자존감의 결핍을 보상받기 위해서 명품을 과시하는 것은 아니다. 요즘의 청소년들은 다섯 중 한 명꼴로 어떤 좌절감 때문에, 혹은 위신을 세우려고 소비하는 경향을 보인다. 심지어 15~20세의 독일 청소년 가운데 6%, 즉 약 25만 명은 쇼핑중독이라는 통계도 있다.[9]

　　지난 수십 년 동안 자라나는 아이들 사이에서 소비의 의미와 돈을 대하는 자세가 근본적으로 변했다. 예전의 아동과 청소년들은 요즘보다 훨씬 적은 용돈을 받았고 경제생활에는 아주 제한적으로만 참여했다. 사회에서도 또한 그러기를 원했다. 1975년까지는 21세가 되어야만 성인이 되었다. 다시 말해 독자적으로 금전 거래를 할 수 있었다. 그보다 어린 아동과 청소년들은 제한적으로만 금전 거래를 할 수 있었고, 비싼 물건을 살 때는 부모가 허락했다는 걸 보여주어야 했다.

　　나는 어렸을 때 이른바 "일요일 용돈"을 받았다. 그러니까 영화관, 티 댄스, 스포츠 행사 등 일요일에 즐기는 여흥餘興을 위해 용돈을 조금 받은 것이다. 조부모를 비롯한 친척들이 쥐어주는 돈은 늘 저금통으로 들어가거나, 특별한 목적 없이 저금통장으로 직행했다. 가끔 우리는 머리를 굴려 기다란 뜨개바늘 같은 걸로 돼지저금통에서 돈을 꺼내서 원하는 물건을 살 수 있었다. 그럴 땐 화폐가 가치저장수단에서 벗어나 교환수단의 기능을 수행했던 것이다. 물론 이런 거래에는 한계가 있었다. 내가 그 물건을 사는 데 부모님이 동의했고 그 돈이 정말 내 용돈임을 점원에게 확신시켜야 했기 때문이다. 게다가 그 당시에는 아이 방에 못 보던 물건이 홀연 생겨나면 금세 눈에 띄었다. 옷을 사는 일은 기본적으로 부모의 일이었고, 다른 물건들은 생일이나 성탄절 선물로 받았다. 그 시대에는 이런 것이 통상적이고 온당한 일이었다. 물질적 측면 뿐 아니라 여러 측면에서 겸손함이라든가 보상을 서두르지 않는 것은 그 시대의 특징이었기 때문이다. 낭비하는 일, 그리고 돈이나 물건을 뽐내는 일은 조롱의 대상이었다.

그러나 이미 오래 전에 이런 시대는 지나갔다. 사회가 차차 풍요로워지고 대량생산이 확산되면서 소비재 산업과 사치품 산업의 위상은 점점 상승했다. 마케팅 전략가들은 약삭빠른 판매 전략을 통해 거침없는 소비의 토대가 되는 동기들, 즉 호기심, 인정認定 욕구, 사회적 결속 욕구 등을 점점 더 빠르게 충족시킬 수 있었다. 사치품을 살 수 있는 돈을 모을 때까지 뭣 때문에 기다린다는 말인가? 대출을 받으면 물질적인 소망은 생겨나는 즉시 충족시킬 수 있잖아? 신형 자동차, 가정용 오락기기 등 첨단 신제품, 남태평양의 섬에서 보내는 휴가 등등. 하지만 이런 종류의 만족감은 오래 가지 않기 때문에 소비는 계속 새로 일어나야 하며, 그 덕분에 기업 매출과 수익은 지속적으로 증가한다. 기술은 점점 빠른 속도로 발전하고, 이를 통해 이른바 새로운 욕구라는 것들이 생겨난다. 바로 핸드폰이나 스마트폰 등의 급속한 발전이 그걸 잘 보여주고 있다. 아이들이 산 최신 기계는 곧바로 구형이 되고 만다. 또래들과의 경쟁에서 어깨를 견주려면 그 다음 신제품을 사야 한다. 이처럼 거침없는 소비의 추구는, 청소년기에 이르러서야 비로소 시작되는 것이 아니다. 우리는 10월이면 벌써 어린 아이들에게 산타클로스 초콜릿을 사주고, 부활절 토끼 초콜릿은 2월이면 벌써 슈퍼에 진열된다. 그렇다면 우리 아이들이 무슨 물건이건 당장 사야 한다고 떼를 쓰는 것도 당연하지 않은가?

보상을 기다릴 수 있는 능력은 인간이 진화 과정에서 다른 종들보다 결정적으로 유리한 점이었다. 직접적인 욕구의 충족을 뒤로 미룰 수 있어야만, 예컨대 도구와 무기를 만들 수 있었으니까. 하지만 이처럼 기다리는 능력, 후일 더 크고 유용한 보상을 위해서 지금의 불편을 감수하는 능력은, 우리의 이 분주하고 단명短命한 시대에는 대부분 사라진 것처럼 보인다.

아동과 청소년들은 인생 경륜이 부족하기 때문에, 그리고 아직 인격이 성숙하지 못했기 때문에, 욕구의 즉각적인 충족을 포기하는 일이 대개 어른보다 어렵다. 노회老獪한 마케팅 전문가들은 바로 이 점을 놓치지 않고, 신경생물학자, 심리학자, 사회학자의 도움을 받아 아이들의 약점을 집중적으로 연구하여 상업적으로 무자비하게 공략했다. 오늘날 6~17세 사이의 아이들 약 1천만 명이 자유롭게 쓸 수 있는 돈은 무려 90억 유로에 달한다. 그러니까 가령 소소한 사은품을 가지고 아이들의 호감을 사고 특정 상표에 대한 흥미를 북돋우는 따위는 해볼 만한 일인 것이다.

이제 이런 식으로 아이들에게 최면을 거는 것은 위험 수준에 이르렀다. 광고업계는 이 목표 집단을 겨냥해 매년 약 5억 유로를 쏟아 붓는다. 그리고 그런 투자는 해볼 만한 가치가 있다. 아동과 청소년들은 자아가 불안정하기 때문에, 브랜드를 통해 정복하기에 아주 이상적인 대상이기 때문이다. 어린이들은 집단에 소속하려는 욕구가 특히 강해서, 이런 방식은 더구나 잘 먹혀든다. 하지만 이제 아이들에게는 그저 다른 친구들로부터 자신을 구별 짓거나 그들에게 속하려는 욕구만이 중요한 것은 아니다. 아동과 청소년은 스스로를 메이커와 그야말로 동일시하고, 메이커를 자아의 일부로 삼는다. 에너지 드링크인 '레드 불(Red Bull)'은 CF에서 날개를 달아준다고 약속할 뿐만 아니라, 그 브랜드 이미지와 결부된 자신의 "이상형"을 완성시켜 주겠다고 꼬드긴다. "레드 불 친구들, 끝내주게 쿨해!"

　　패션과 전자업계의 초현대적인 소비의 신전에서 쇼핑은 하나의 제의祭儀가 된다. 싼 물건을 이 잡듯이 뒤져서 찾아내고, 어떤 물건을 살지 고르고, 돈을 지불하면서, 아동과 청소년들은 일종의 무아지경無我之境에 빠지는 것이다. 마치 저 옛날 그들의 선조가 사냥을 할 때처럼, 아이들은 진정한 소명의식마저 가진 것처럼 보인다. 그렇게 푹 빠져 있으니, 가격을 높게 붙였다가 다시 깎아주는 장사치들에게 농락당하고 있는 줄을 어찌 알겠으며, 또 세일 기간 중에도 진짜 '쉬크(chic)한' 바지는 정상가격을 치러야만 살 수 있다는 걸 어찌 깨닫겠는가.

　　이러한 변화가 정말 심각하게 걱정할만한 일만 아니라면, 아이들이 그렇게 재미있게 즐기도록 놓아두어도 좋을 것이다. 하지만 이런 변화는 몇 가지 문제를 낳고 있다. 이제 거의 부모와 비슷한 정도로 돈 걱정을 하고 있는 십대 아이들이 한둘이 아니란 점이다. 여기에는 청소년을 대상으로 마케팅을 펼치는 일부 은행들도 책임이 있다. 물론 청소년들이 직불카드를 쓸 때 대개 은행계좌의 예금한도를 넘길 수는 없다. 하지만 직불카드를 쓴다면 지갑에서 현찰을 꺼낼 때보다는 훨씬 과감해지는 법이다. 게다가 어떤 청소년들은 직불카드 사용이나 핸드폰 계약의 결과로 빚더미에 앉기도 한다. 하지만 여기에서 이익을 보는 기업들은 청소년 고객의 이러한 불행에 대해 자신들은 책임이 없다고 발뺌한다. 이런 점들을 고려할 때 지나친 채무를 안고 있는 청소년들이 급격히 늘어나고 있음은 전혀 놀라운 일이 아니다.

부모들이 자식을 이러한 빚의 굴레에서 벗어나도록 하라는 독촉을 받는 일이 점점 더 늘어나고 있다. 그 뿐인가, 재정적으로 "깨끗해지기" 위해, 혹은 날로 커지는 물질적 욕구를 만족시키기 위해, "400유로짜리 아르바이트"를 하는 학생들도 갈수록 늘고 있다. [독일 세법상 소득세가 면제되는 월급 400유로 미만의 이른바 "미니 잡"을 가리킴 —옮긴이] 이는 대개의 경우 경제적인 행복을 얻으려는 것과는 거의 상관이 없다. 이런 아르바이트를 위해 많은 아이들이 오후 시간이나 주말을 희생하는데, 사실 이 시간은 학교생활에서 벗어나 휴식을 취하거나 수업내용을 복습하기 위해서 꼭 필요한 시간이다. 때로는 아이들은 운동을 하거나 친구를 만날 시간조차 좀체 내기 힘들다. 유감스럽게도 스케줄이 늘 꽉 차 있거나 고된 아르바이트를 마치고 쉬어야 하기 때문이다. 그렇다면 이 아이들이 수업 시간에 기진맥진한 것이 어찌 놀라운 일이겠는가?

우리 학교의 선택과목 "행복"의 일부인 '날마다 모험'이란 수업에서 학생들은 일상을 체계화하고 시간을 뜻있게 분할하며 과제들을 관리하는 법을 배운다. 대략 2개월에 걸쳐 우리는 학생들과 더불어 광고의 유혹에 저항하는 법을 연습하고, 학생들이 끝없는 소비에서 벗어나 행복한 삶으로 갈 수 있도록 돕는다. 이때 학생들을 비난하는 일은 피해야 한다. 오히려 자극에 즉각 반응하지 않고 일단 기다리는 일이 얼마나 중요한지를 재미있게 보여줌으로써 학생들이 스스로를 잘 제어할 수 있게 만들어야 한다.

인내력과 집중력이 얼마나 중요한지를 인식하도록 하기 위해서, 우리는 아이들과 함께 간단한 훈련을 해보았다. 병목 위에 탁구공을 놓는다. 아이들은 걸어가면서 검지로 탁구공을 톡 쳐내야 한다. 정신을 집중해서 병목 위의 공과 알맞은 거리가 될 때까지 기다려야 성공할 수 있다. 조급하게 서두르면 늘 실패한다.

상대 선수나 상대 팀과 직접 맞서는 스포츠에서 아이들은 훈련에서든 실전에서든 정신을 집중해서 기다리는 법을 배운다. 예컨대 축구에서 프리킥을 찰 때는 상대팀이 수비 허점을 보일 때에야 비로소 공을 찬다. 테니스에서는 적절한 순간을 포착해 네트 앞으로 뛰어가 발리로 상대를 기습한다. 상대와 직접 몸을 부대끼는 스포츠에서는 반응을 잘못하면 곧바로 자기의 몸이 벌을 받게 마련이다. 여기서 예를 든 모든 경우에 있어서 지각知覺과 그에 따른 반응 사이의 시간적 간격을 최적화하는 것이 중요하다.

아무 생각 없이 서둘러 행동하지 않고 더 좋은 대안이 나타날 때를 기다리는 능력은, 다양한 방식으로 연습할 수 있다. 무엇을 하고 무엇을 하지 않을지, 무엇을 소유하고 무엇을 소유하지 않을지를 차분하게 결정할 능력을 지닌다면, 가능성과 자유가 늘어나고 스트레스는 줄어든다. 그런 사람은 진중鎭重하고 흡족하고 자신감에 차 있다.

저 유명한 "마시멜로 테스트"는 기다리는 능력의 중요성을 보여준다. 미국 심리학자 월터 미셸(Walter Mischel)은 1960년대에 이 실험을 통해 보상 지연이 아동의 인격 형성에서 지니는 의미를 증명했다.[10] 실험의 대상은 네 살짜리 아이들인데, 실험을 시작하면서 마시멜로를 하나씩 받는다. 그러나 아이들에게 그것을 단박에 먹지 말고 잠시 기다리라고 말한다. 그리고 기다림에 대한 보상으로 나중에 마시멜로를 하나 더 받을 수 있다고 말한다. 그 다음에 실험자는 다른 할 일이 있다고 둘러대면서 15분 정도 아이들을 감독하지 않고 내버려둔다. 그가 돌아와서 봤더니 아이들 가운데 약 1/3이 유혹을 이겨내지 못하고 마시멜로를 먹어치웠다. 나머지 2/3의 아이들은 시험을 견뎌내고 그에 대한 보상을 받았다. 그로부터 약 12~14년 후에 시행된 인성 실험에서는, 기다리는 법을 일찌감치 배운 아이들이 유혹에 굴복한 아이들보다 성적도 좋고 자신감도 강했으며 실망스러운 상황도 잘 견딜 수 있음을 보여주었다.

물론 유전적 요소도 의지력과 모종의 연관성을 지니겠지만, 장기적 목표에 도달하기 위해 단기적으로 어떤 것을 포기하는 능력은 긍정적인 경험과 연습을 통해 강화시킬 수 있다. 그래서 우리는 "날마다 모험" 수업에서 우리 학생들을 대상으로 이와 비슷한 실험을 했다. 그들에게 초콜릿을 나눠주고는 곧바로 먹지 말고 기다리라고 부탁한 것이다. 그렇게 하면 보상으로 초콜릿을 하나 더 주겠다고 약속했다. 그 후 아이들만 잠시 내버려두었다. 마시멜로 실험에서처럼 피험자의 약 1/3이 유혹을 이겨내지 못하고 얼마 못 가서 초콜릿을 먹어치웠다.

그런 다음 우리가 이 실험의 의의에 대해 설명하자 학생들은 깜짝 놀랐다. 인내심을 보여준 아이들은 생각에 잠겼다. 그리고 욕구 충족을 연기하고 보상을 기다리는 능력을 배울 수 있다는 설명에도 좀 더 가벼운 마음으로 귀를 기울였다. 대다수 종교에서는 수천 년 전부터 유혹을 이기는 법을 단련해 왔다. "나는 모든 걸 이길 수 있지만 유혹만은 이기지 못한다." 오스카 와일드(Oscar Wilde)가 그렇게 말했다고 하지만, 우리 인간에게는 강인한 의지를 통해서 욕구 충족을 지연하거나 완전히 포기할 능력이 분명 존재한다. 이런 능력을 익히기 위해 특히 적당한 것은, 일정 기간 금욕을 한 다음에 보상이 이루어지는 수련修練이나 제의祭儀다. 이를테면 기독교인에게는 재의 수요일에서 부활절 사이의 금식 기간이 있다. 예전 같으면 이 시기에는 아이들도 단 것을 먹지 못했다. 그 후에는 이에 대한 보상으로 부활절 바구니가 기다리고 있었다. 하지만 그 달콤한 먹을거리들을 여전히 숨겨놓고 아이들로 하여금 찾아내도록 했다.

'날마다 모험' 수업의 다음 단계 주제는 소비였다. 학생들이 자신의 소비 결정에 대해 다시 생각해보도록 하기 위해서, 장을 볼 때 어떤 유혹을 이겨냈고 어떤 유혹은 이겨내지 못했는지 일기를 쓰도록 시켰다. 그렇게 함으로써 학생들은 소비가 인생의 기쁨에 큰 영향을 주는 것이 아니고, 이를 단념하는 것도 자랑스러울 수 있음을 체험하게 될 터였다. 그 밖에도 학생들은 자기의 재무 상태를 의식적으로 통제하는 법을 배워야 했다. 이를 위해 한 달 동안 일종의 가계부에 수입과 지출을 기록했다. 월말에 지출과 수입 총액을 서로 견주어보고, 자신의 재무 상태에 비해 지나치게 소비하지는 않았는지 한눈에 볼 수 있게 되었다. 그 다음 여러 가지 항목의 지출 목록을 만들고, 각 항목에 대해 평균 지출액을 계산했다. 이를 통해 아이들은 가령 핸드폰 관련 지출을 다른 아이들과 비교할 수 있었다. 평균적으로는 핸드폰 요금이 4만 5천 원 정도 나왔다. 하지만 많이 쓴 학생들은 그 두 배를 지출하는 경우도 있었다.

이 수업에서 이루어진 모든 연습과 실험은 무심코 행해지는 구매 및 소비 습관을 자각自覺하도록 만들고, 이에 대해 심사숙고하여 구매 및 소비 과정에 의지적으로 개입할 수 있도록 만들려는 것이었다. 이 수업에서는 또한 광고가 상품으로써 전혀 충족될 수 없는 환상을 불러일으켜 소비자를 감쪽같이 속이는 사례들이 얼마나 많은지도 다루었다. 레드 불(Red Bull)은 사실 날개를 돋게 하기는커녕 풍보로 만들 뿐이고, 유혹적인 값비싼 향수는 구매 충동을 일으키기 위해 성적 욕망을 이용하며, 술 광고는 종종 공동체 의식과 결속감에 대한 소망을 이용하고 있다는 사실을 비교적 간단하게 보여줄 수 있었다.

물론 여러 해에 걸쳐 생겨난 행동방식을 단 6주 만에 지속적으로 변화시키기는 어렵다. 아이들이 가령 여태까지 별 생각 없이 돈을 써왔다면, 6주 동안의 교육으로 절약하게 만들기는 어려운 노릇이다. 나중에 후회하지 않으려면 중요한 구매를 결정하기 전에 일단 구매를 미루고 하룻밤 생각해보는 편이 낫지만, 아이들로 하여금 이를 깨닫게 하는 일은 쉽지 않다. 하지만 나는 이 수업을 통해 여러 면에서 아이들의 눈을 뜨게 한다고 믿는다. 무엇보다도 지출에 대해 자각하지 않으면 자기도 모르게 돈이 술술 새나간다는 것을 체험하게 만드니까 말이다. 덕분에 많은 학생들이 앞으로 전화 통화를 줄이기로 결심한다. 불필요한 비용을 절약하기 위해서이기도 하지만, 얼굴을 맞대고 대화를 할 때 상대에 대해 더 잘 알 수 있기 때문이기도 하다.

우리 학생들이 "날마다 모험" 수업에서 그처럼 논리적으로 생각할 수 있는 것은, 그 전에 다른 행복 과목에서 이미 겪었던 체험들을 돌이켜볼 수 있기 때문이기도 하다. 삶이란 자기가 취득한 물질적 재화의 총화總和가 아니라 체험의 총화임을 아는 사람, 스스로 목표를 발견하고 그리로 가는 길 위의 장애물을 극복하는 법을 배운 사람, 그런 사람은 자발적으로 의욕을 불어넣을 수 있을 뿐 아니라, 나아가 어떤 것이 더 중요한지를 알기에 불요불급不要不急의 소비 지출을 가벼운 마음으로 포기할 수 있다. 마치 내가 어느 토요일 스포츠용품점에서 물건을 살 때 만났던 우리 학교의 어느 학생처럼. 내가 수업도 없는 이 좋은 날에 왜 아르바이트를 하고 있느냐고 넌지시 물어보자 아이는 웃으며 대답했다. "여기서 한 달에 4백 유로를 벌어 저축하고 있어요. 아비투어를 마친 다음 호주에서 1년 자원봉사할 거거든요."

가정형편이 아주 풍족하다고는 할 수 없는 그 아이는 먼저 하우프트슐레에 들어간 다음 베어크레알슐레(Werkrealschule)를 다녔으며, 그 다음에 아비투어를 하기 위해서 우리 학교에 왔었다. [Werkrealschule는 성적이 좋은 하우프트슐레 학생들이 중간졸업장을 따기 위해 다니는 학교 — 옮긴이] 이건 정녕 쉬운 길이 아니었다. 김나지움 상급 단계 수업을 따라가려면 기초가 약한 외국어, 수학, 자연과학부터 보충해야 했기 때문이다. 이런 경로로 아비투어를 마치려는 사람은 이 추가 수업들의 내용을 습득하기 위해 그야말로 강철 같은 의지가 필요하다.

내가 아이의 이러한 의지력을 칭찬해주자, 아이는 그게 집안의 내력이라고 자랑스럽게 설명했다. 할아버지가 수공업자로서 상당한 재산을 모았는데, 자기의 가장 큰 롤 모델이 바로 그 할아버지라고 했다. 그 밖에도 그의 가족에게는 이미 증조할아버지가 만들어 놓은 전통이 있었다. 손자들이 은행에 예금을 하면 은행 이자 외에도 연초에 예금액의 10%를 할아버지한테 포상으로 받는 것이다. 아이는 태어나서 18년 동안 이런 식으로 저금을 해서 상당한 돈을 모았다. 이러한 포상 시스템을 통해 아이들은 저축을 할 추가적인 자극을 받는 것이다. 그리하여 세월이 흐르면서 일종의 가족 내 재산형성법이 나타났는데, 이는 그 다음 세대에도 계속 영향을 미쳤다. 아이가 소비 지출을 포기할 때 부모와 조부모가 일관성 있게 이에 대해 보상을 해준다면, 아이는 이런 모범을 받아들이고 돈을 좀 더 신중하게 다루는 법을 배울 수 있다.

또한 이 학생은 목표를 설정하고 이를 이루기 위해 땀 흘리는 일이 얼마나 값어치가 있는지도 할아버지로부터 분명히 배웠으리라. 이러한 능력은 그가 호주에서 봉사활동을 하겠다는 꿈을 실현하는 데 헤아릴 수 없는 도움이 되고 있다. 그리고 호주에 머무르는 중에도 새로운 다양한 감명을 받음으로써 훗날 삶을 사는 데 도움이 되는 풍부한 경험을 쌓을 수 있을 것이다.

# 모든 게 단지 게임인가?

오늘날 아동과 청소년들은 예전처럼 스포츠, 음악, 연극, 춤, 여행 등 각양각색의 활동을 통해서만 경험을 쌓는 것이 아니다. 이러한 다채로운 현실세계의 활동들 뿐 아니라 이제는 컴퓨터 게임을 통해 가상假想세계의 활동도 가능해졌다. 놀이는 오래 전부터 어린이의 성장에서 중심적 역할을 해왔다. 인간은 놀이, 모방, 타인과의 상호작용을 통해 신체 제어制御 능력, 언어 능력, 사회적 적응 능력 등을 계속 발전시킨다. 그러니까 타고난 놀이 욕구와 호기심은 배움에 있어 중요한 요인이다. 놀이를 하면 행복해진다! 누구나 어린 시절 인형, 장난감 차, 레고 블록을 가지고 꿈꾸듯이 놀던 것을 기억하리라. 모든 아이는 놀이에서 행복을 느끼는 능력을 지니고 있다. 우리는 아이들이 그 능력을 잃지 않도록 보살펴야 한다. 뚜렷한 목적의식을 지니고 모든 잠재력을 총동원하여 스스로를 잊어버린 채 어떤 일에 몰두하는 능력이 있다면, 어른이 되어서도 커다란 장점이 된다. 일에서도 무언가 놀이 같은 면을 찾아낼 수 있는 어른들은 한층 더 행복하니까.

그렇지만 어린이들의 놀이 욕구가 파괴적인 쪽으로 유도되거나 중독성을 띠게 되면 위험하다. 또한 어떤 게임이 시장에 나오고 잘 팔리는지는 언제나 시대정신, 즉, 차이트가이스트(Zeitgeist)와 관련이 있다. 예컨대 나는 처음 내가 가졌던 양철 탱크를 아직도 생생하게 기억한다. 그것은 당시 2차 세계대전 후 점령된 독일 현실에 썩 어울리는 것이었다. 이에 비해 내 아이들을 키울 때는 평화운동과 군축의 시대였기 때문에 전쟁과 관련된 장난감은 웃음거리였다. 아이들을 평화애호가로 키워야 했기 때문이다. 이러한 생각은 1980년대 말 이후로, 특히 첨단기술로 전쟁을 치르는 시대에 이르러, 분명 다시 변한 것 같다. 그렇지 않다면 싸움과 전쟁을 주제로 한 컴퓨터 게임들이 느닷없이 이토록 인기 있는 이유를 어떻게 설명할 수 있겠는가? 특히 사내아이들은 마우스를 가지고 총을 쏘고 폭탄을 터뜨리는 데 빠져 정신을 못 차린다. 말이 나왔으니 말이지, 많은 컴퓨터 게임들은 사실 더 이상 '놀이'라고 할 수도 없을 지경이다. 이런 게임에서는 어린이답게 무아지경으로 노는 것 자체보다는 현실로부터 도피하는 것이 목적이기 때문이다. 게다가 가상공간에서 영웅이 되기는, 현실의 삶에서 영웅이 되는 것보다 훨씬 쉽다. 그런 공간에서는 스스로를 있는 그대로 받아들이고 사랑하는 법을 배울 필요도 없다. 그저 가상공간 내에서 이상적인 정체성을 만들어내기만 하면 된다. 또한 어떠한 검열이나 처벌도 없이 마음껏 공격성을 만끽할 수도 있다. 유감스럽지만 이런 게임들에서는 단지 공격성을 해소하는 것이 아니라, 또 다른 공격적이고 비인간적인 행동 방식들을 연습한다. 더 나아가 이런 게임 자체에 중독성이 있다.

우리 학교의 12학년 학생 리치에게도 이런 일이 일어났다. 그 아이는 가상현실에서 벗어나기 위해 무진 애를 썼지만 아무래도 컴퓨터 앞을 떠날 수 없었다. 그래서 시간이 흐를수록 학교성적은 곤두박질 쳤다. 원래 활기찬 소년이었건만, 이제 수업시간마다 꼬박꼬박 졸면서 벨이 울리기만을 기다리는 아이가 되었다. 매일 아침 빨개진 눈을 보면 그 딱한 녀석이 매일 밤 무슨 일을 하고 있는지 짐작할 수 있었다. 리치는 "월드 오브 워크래프트" 게임에 정성을 바쳤다. 이 무렵 전 세계에서 약 2백만 명이 즐기던 온라인 롤플레잉게임이다. 이들은 디지털 세계에서 판타지 속의 영웅이 되어 서로 동맹하거나 적대하면서, 가상세계 속의 생존을 위하여 싸웠다. 리치는 밤새 게임을 하면서 날이 밝으면 필요하게 될 것들을 모두 소진해 버렸다. 월드 오브 워크래프트는 완전무결한 집중을 요구한다. 잠시라도 집중하지 않으면 가상세계에서 생존하기 힘들어지기 때문이다. 그래서 플레이어들은 극도로 동기를 부여받은 상태고, 따라서 완전히 녹초가 될 때까지 싸운다.

뇌는 시간이 흐르면 새로운 시각적視覺的 과제에 적응한다. 많은 연구에서 입증된 사실이다. 컴퓨터 게임을 자주 하는 사람은 지속적인 도전을 받기 때문에, 연달아 나오는 이미지들을 재빨리 인식하고 신속하게 반응하는 능력을 갖추게 된다. 그러나 게임에 빠진 청소년들이 그런 게임에 대한 열정을 발산하기 위해, 그리고 그 새로운 능력을 얻기 위해 치르는 대가는 참으로 어마어마하다. 매일 매일 몇 시간이고 게임을 하면서 전쟁의 세계에 빠져들면, 다른 일에 할애할 수 있는 시간은 전혀 없어진다. 게임에만 송두리째 사로잡혀 주변 일을 까맣게 잊을 뿐더러 때로는 배도 고프지 않게 되고 목마른 일도 없어져버린다. 게다가 플레이어의 동작은 몇 가지로 제한되어 있어서, 그 외의 자기 몸에 대한 연관성마저도 상실되고 만다. 손가락만 부지런히 움직이기 때문에 뇌에서 손가락을 제어하는 능력은 향상되지만, 나머지 기능들은 이용되지 않아서 현저하게 쇠약해진다.

그렇다면 도대체 왜 컴퓨터 게임이 아동과 청소년을 이토록 사로잡는 것일까? 어떻게 아이들을 이다지도 홀려버리는 것일까? 간단하게 말해서, 월드 오브 워크래프트 같은 게임은 호기심, 인정認定 욕구, 결속 욕구 등, 인간 행동에 있어 매우 원초적인 자극이나 모티프를 이용한다. 끊임없이 새로운 탐험을 하고 새로운 자극들을 찾아 나서는 것, 그것이 아이들의 본성이다. 그러니까 청소년들이 게임을 하게 만들려면 무엇보다도 호기심을 느끼게 만들어야 하고, 결말이 불확실한 모험으로 끌어들여야 한다. (예를 들어 복수전을 벌이거나 소위 연약한 여성들을 해방시키라고 재촉하는 것처럼) 어떤 목표가 설정된 도발挑發을 통해서 자극과 흥분에 대한 아이들의 엄청난 욕구를 부채질하고, 이른바 악당에 맞서 공격으로 폭발하게 만든다. 가상 전투에서는 권력과 지위에 대한 원초적 욕구를 마음껏 발산할 수 있다. 그리고 엄격한 시험을 통과한 데 대한 보상으로 주어지는 귀중한 아이템들은 지위의 상징이 되어 다른 사람들에게 과시할 수도 있다. 게임에 대한 호기심을 잃지 않도록 하려고 언제나 새로운 악당과 영웅, 새로운 탐나는 가상의 노획물이 등장하는 새로운 형태의 스토리가 제공된다.

그리고 이에 대한 아이디어는 대부분 청소년들 자신이 내놓는다. 이들은 게임 개발자나 "마스터 플레이어"로서 자기 자신과 또래 청소년들의 욕구를 실현할 수 있다.

거의 모든 컴퓨터 게임의 원리는 플레이어가 끊임없이 새로운 자극을 받고 새로운 과제를 설정해야 하며, 그런 과제를 달성한 후에는 새로운 특권으로 보상 받고 타인의 인정을 받는 데 있다. 그런 다음의 과제는 게임자가 달성할 수 있을 정도의 난이도로, 그러니까 해볼 만한 도전이 되도록 디자인된다. 그리고 추가적 과제를 달성한 후에도 계속 새로운 가상세계의 특권을 부여함으로써 플레이어가 게임에서 벗어나지 않도록 만든다.

존경과 포상褒賞에 대한 소망이 우리 행동에서 그야말로 멈추지 않는 엔진임을, 게임 제조사들은 물론 또렷이 알고 있다. 우리는 부모님을 기쁘게 하려고 피아노를 연습하고, 성과위주 사회에서 높은 지위에 이르기 위해 학교성적을 잘 받으려고 악착같이 노력하며, 타인에게 깊은 인상을 남기는 신분의 상징을 사기 위해 소처럼 일한다. 하지만 아쉽게도 이러저러한 연유로 현실 속의 사회에서 인정과 특권은 한결같이 분포되지 않는다. 그렇기 때문에 특히 젊은이들은 이른바 기회가 균등한 가상세계의 롤플레잉을 좋아한다. 자기가 똑똑하기만 하면 높은 지위까지 이를 수 있기 때문이다. 플레이어들은 자기가 원하는 대로 마음껏 새로운 역할을 맡으며 새로운 특성을 지닌 새로운 인물로 둔갑한다. 현실세계에서 겪는 실망은 게임을 하는 동안 흔적도 없이 사라진다. 판타지 속의 영웅이 되어 마침내 현실에서는 얻을 수 없는 나긋나긋한 위로를 얻는 것이다. 가정, 학교, 축구 클럽 등의 사회에서 자기가 바라는 대로 인정을 받지 못하는 아이들은, 거치적거리는 현실적 장애가 없는 가상세계로 들어가 그 나름의 서열 구조 안에서 특권과 높은 지위를 얻는다. 그래서 현실에서 인정받지 못하는 데 대한 실망을 잠시나마 잊을 수 있는 것이다.

현실세계에서 인정과 존경을 받지 못하는 데 대한 이러한 가상세계의 보상에는 현실감각을 잃어버릴 위험이 도사리고 있다. 뿐만 아니라 중독의 위험도 높아진다. 가상세계의 자극과 그에 대한 반응, 그리고 그에 이어 단박에 획득할 수 있는 보상이 긴밀하게 연결되어 있기 때문이다. 상대방에 대해 거둔 승리가 아무리 보잘 것 없더라도 모조리 곧바로 인정이라는 보상을 받는다면, 1954년 미국 심리학자 제임스 올즈(James Olds)와 피터 밀너(Peter Milner)가 실험한 쥐들과 비슷한 중독성이 나타날 수 있다. 이 실험에서는 쥐들의 뇌 안 보상체계 속에다 전극을 심었다. 짧은 간격을 두고 저강도低强度 전기충격을 주자 쥐들은 별다른 계기 없이도 쾌감을 느꼈다. 그 다음 실험에서는 전류가 흐르게 하는 레버를 우리 안에 놓았다. 쥐들은 처음에 우연히 레버를 건드리자 그 전에 이미 경험했던 그 쾌감을 다시 느꼈다. 자극과 반응의 관계를 깨닫자 쥐들은 점점 더 자주 레버를 작동시켰다. 그리고 황홀한 행복감 때문에 먹이를 먹거나 교미하는 일조차 까맣게 잊었다.[11] 중독은 짧은 시간 동안 행복감을 가져오지만 길게 보면 삶을 파괴시킨다.

자극, 반응, 보상 간의 영속적인 상호작용은 특히 어린 아이들의 경우 쉽게 중독을 불러온다. 아이들은 아직 경험이 부족하고 의지력이 여물지 않았기 때문이다. 어린아이들에게 도박장 출입을 금하는 까닭도 바로 이런 데 있다. 그러므로 컴퓨터 게임을 아이들 방까지 온라인으로 "무료 배달" 해주는 것은 문제가 있다.

뿐만 아니라 과도한 컴퓨터 게임은 아이들을 외톨이로 만든다. 하지만 아이들이 다른 사람들과 어울리려는 욕구에 이끌려 컴퓨터를 끄고 현실세계의 공동체로 시선을 돌리는 사태가 벌어지지 않도록 하기 위해서, 여러 해 전부터는 여러 사람이 함께 하는 게임들이 만들어지고 있다. 그리하여 플레이어들은 가상 공동체인 길드나 클랜에 소속되어 힘을 합쳐 전투를 벌인다. 하지만 그 공동체에 대해, 그리고 서로 합의된 약속에 대해, 각 개인은 심하게 종속된다. 어느 팀이든 구성원이 모두 모여야 다른 팀에 맞설 수 있고, 따라서 약속 시간에 일제히 컴퓨터 앞에 앉아야 하기 때문이다. 그래서 일상의 모든 활동이 그 게임 시간을 중심으로 얽히는 것이다.

우리 학생 리치는 숙제를 할 수 없었고 잠잘 시간도 없었으며, 따라서 수업 시간에는 산만하고 흥미를 잃었다. 담임선생님은 리치의 행동거지가 다른 학생들에게 계속 방해가 되고 학습 분위기를 해친다고 생각해서, 그 아이와 면담을 해줄 것을 내게 요청했다. 담임선생님은 아이가 열여덟 살이라고 말했었지만, 교장실에 들어오는 아이는 옷차림과 걸음걸이 때문에 그보다 훨씬 어려 보였다. 그래서 나는 아이에게 우선 물었다. 이 면담에 너의 부모님도 함께 계시는 게 좋겠니? 리치는 그러지 않아도 된다고 고개를 가로저었다.

"전 벌써 열여덟 살인 걸요. 게다가 부모님은 어차피 제가 가망 없는 놈이라고 생각하세요."

아이는 부모님이 별거 중이라고 설명했다. 한동안 아버지와 살았지만, 이제는 어머니 집에서 살고 있단다. 아이는 어머니의 애인과 사이가 나쁘다. 그리고 아이는 제법 냉정하고 진솔하게 '게임에 대한 열정'을 실토했다. 컴퓨터 게임은 이런저런 문제로부터 벗어나게 해주었지만, 엄청나게 시간을 잡아먹는다고 말했다. 그 이전에는 자주 탁구를 치러 갔었는데 이제는 그럴 시간도 없고 흥미도 없다고 했다. 아이는 오밤중에 게임을 하는 자기를 사막의 목마른 전사戰士에 비유했다. 자기 부족을 찾아가고 있는 전사는 소금물 오아시스에서 원기를 회복하려 한다. 그러나 슬프게도 더 이상 길을 갈 수 없다. 짠물은 마시면 마실수록 목이 더 마르기 때문이다. 때때로 게임에 대한 강박에서 풀려나, 컴퓨터를 길바닥에다 내던져버리고 싶은 생각이 굴뚝같다.

　　리치는 중독이 지니는 위험성을 깨닫고 있었으며, 지나친 플레이에서 완전히 풀려나기를 원했다. 하지만 어떻게 거기에서 풀려날 것인가? 그나마 다행스럽게도 아이는 자기 상황을 깨닫고 있었고 정말로 게임을 끊고 싶어 했다. 다만 주변 상황이 여의치 못했던 것이다. 과도한 컴퓨터 게임 때문에 어머니와 다툼이 끊이지 않았고, 어머니의 애인도 리치를 무시하기 때문에 아이는 일상생활에서 지치고 의욕을 잃었다. 새 출발을 위한 에너지를 발휘하기에 좋은 조건은 아니었다.

　　내가 어머니의 남자친구에 대해 넌지시 속마음을 떠보자, 리치는 그 남자가 컴퓨터 회사 직원이고 운동을 좋아하며 사실 그리 몹쓸 사람은 아니라고 대답했다. 그리곤 덧붙였다. 다만 나한테 줄곧 "바보처럼 치근거리지만" 않는다면 말예요. 난 거의 온종일 내 방에 틀어박혀서 식사 시간을 비롯해 식구가 모이는 어떤 자리에도 끼지 않거든요.

　　나는 리치에게 어머니의 애인에게 월드 오브 워크래프트를 같이 하자고 말해본 적이 있는지 물었다. 그것은 리치에게 아주 뜻밖의 질문이었기에, 아이는 생각에 잠긴 채 고개를 가로저었다. 나는 바로 오늘 저녁에라도 그렇게 해보라고 용기를 북돋워주었다. 컴퓨터 전문가라면 게임에 적응하기가 어렵지 않을 것이라고 부추겼다. 그런 다음 나는 어머니랑 그 애인과 면담을 해도 좋겠느냐고 리치에게 다시 한 번 물었다. 이번에는 그래도 좋다는 대답이 돌아왔다.

일주일 후로 면담을 잡았다. 두 사람은 이런 일로 학교에 초대된 데에 놀라면서도 나를 만나러 왔다. 나는 우선 어머니에게 리치가 게임에 몰두하는 일에 대해 이야기를 꺼냈다. 그녀는 아들에게서 무슨 일이 일어나고 있는지 생각만 해도 억장이 무너지는 것 같다고 말했다. 아이는 아버지 집에 살 때부터 컴퓨터 게임을 하기 시작했다. 그녀의 전남편은 리치가 원하는 것은 거의 다 허락하고 전혀 돌보지도 않았다는 것이다. 아버지는 그러다가 어찌할 바를 모르는 상황이 되자 아들에게 엄마 집으로 가라고 권했다. 그래서 이제 그녀가 뒷일을 모두 책임져야 한다는 것이다. 아무리 설득하고 말려도 소용이 없었다. 리치는 중독 치료를 위한 상담에도 가려고 하지 않는다. 그녀는 한없는 무력감을 느끼고 앞으로 어떡해야 할지도 모르겠다고 말했다.

어머니의 말이 끝난 후 나는 어머니의 애인에게 리치의 행동에 대해 어떻게 생각하는지 물었다. 그는 소년이 자신만의 가상세계 안에서 살고 있으며, 고집불통인데다가 친해지기 어렵다고 대답했다. 그러다 지난주에는 리치가 하자는 대로 두세 번 함께 컴퓨터 앞에 앉았는데, 이때 아이가 게임을 완벽에 가깝게 마스터하고 있음을 알게 되었다. 그렇지만 자기한테는 게임이 지루할 뿐만 아니라 리치가 게임을 하지 않도록 하는 일이 중요했기 때문에 함께 게임하기를 그만두었는데, 리치는 그것을 이해하지 못하는 것 같았다. 그래서 다시 갈등에 불이 붙었다.

이제 나는 그에게 내 아이디어를 이야기했다. 그가 게임 구조를 순식간에 꿰뚫어 보았으니, 이제 리치와 더불어 한걸음 물러서서 월드 오브 워크래프트를 조감해 보는 것은 어떨까? 플레이어들을 매료시키기 위해 어떤 기술이 이용되고 있는가? 게임의 배경 이야기는 어떻게 짜여있는가? 그 바탕이 되는 원전은 무엇인가? 그 다음에 나는 리치와 탁구를 쳐봤는지 물었다. 이제는 유감스럽게도 묻혀버린 리치의 다른 열정에 대해서 그 남자는 사실 전혀 모르고 있었다. 한때는 그 자신이 탁구를 좋아했기 때문에, 지하실에다 탁구대를 하나 놓아도 좋지 않을까를 곧장 곰곰이 생각해보았다.

리치의 어머니와 남자친구가 돌아간 후, 나는 그들에게 아이에 대한 신뢰를 일깨웠고 변화를 위한 첫 자극을 주었다고 느꼈다. 교착膠着상태에서는 딱히 문제 해결을 돕는 계획이 아니더라도, 어떤 미지의 새로운 것을 볼 수 있도록 시각을 열어주는 계획만으로도 늘 도움이 된다. 함께 탁구를 친다는 아이디어는 아이가 활동적이 되고 즐거움을 느끼게 하며 가족이 화목하게 변할 희망을 준다.

얼마 지나지 않아 리치 어머니로부터 아주 반가운 전화를 받았다. 집안에 평화가 다시 찾아왔다는 것이다. 그리고 그 가족은 좋은 계획들을 세운 후 종이에다 적어놓기까지 했다.

그 후 리치의 학교 성적은 눈에 띄게 좋아졌고 아비투어를 통과할 가능성도 낮지 않았다. 리치 자신의 말을 빌자면, 컴퓨터는 여전히 그 아이의 삶에서 중요한 부분이지만 어머니 남자 친구의 도움으로 스스로 게임과 애니메이션을 개발하기 시작했다. 나중에 이 방면의 직업을 가질 것도 고려하고 있다. 물론 집에서 여전히 입씨름을 벌이기도 하지만, 이제는 컴퓨터 게임이 아니라 예를 들어 가사家事의 배분과 같은 문제를 두고 다툰다는 것이었다.

어린아이들이 오늘날 유혹적인 미디어의 희생양이 되지 않고 그것들을 잘 다룰 수 있도록 돕고 싶다면, 우리 어른들이 미디어라는 걸 이해하고 그 매력을 스스로 맛보아야 한다. 먼저 스스로 실험을 해보고 속속들이 알아야 진지한 대화 상대의 자격을 가질 것 아닌가. 그러기 위해서는 컴퓨터 게임에 대해 깊이 생각해보고, 아동과 청소년을 겨냥하는 비디오와 영화들을 이따금 보는 일도 필요하다. 나는 얼마 전 조카와 제임스 캐머런(James Cameron) 감독의 영화 아바타를 보았다. 공간 지각에 착시를 일으키는 3D 안경으로 무장한 채 밀교密敎 입문과 결합된 공상과학소설, 인디언 이야기, 전쟁 영화, 그리고 〈정글북〉이 화려하게 혼합된 이 영화를 체험한 것이다. 내 옆에는 이미 집에서 자신의 가상세계로 들어가 이런 모험을 경험했거나 영화를 본 후 이런 애니메이션이 담긴 게임을 하기를 원하는 아이들이 입을 떠억 벌린 채 앉아있었다.

우리는 이런 영화들, 그리고 거기에 연계된 수두룩한 머천다이즈 상품들을 토해내는 거대한 오락산업을 주의해야 한다. 무비판적으로 소비한다면 우리 아이들은 이 가상세계에 송두리째 집어삼켜져 적나라한 쾌락에 몸을 맡긴 채 자기 삶의 본질적인 부분을 보지 못하게 될 수도 있다. 물론 통째로 거부하거나 금지하는 것은 그다지 도움이 되지 못한다. 그보다는 아이들이 생산자의 술수와 전략을 꿰뚫어보도록 도와주어야 한다. 생산자들은 예를 들어 블록버스터 영화가 다루는 배경 이야기를 컴퓨터 게임에 사용하거나, 영화를 홍보하는 주변기기들을 판매한다. 아동과 청소년들이 이런 구조를 이해해야 유혹을 덜 받을 수 있고, 어떤 일을 할 것이냐에 대하여 좀 더 성숙하고 비판적인 결정을 내릴 수 있다.

그래서 어린이들이 실제 삶에서 뿐 아니라 가상세계의 정글에서도 길을 찾도록 인도하는 교사들이 점점 더 필요해진다. 위험을 지적하는 것만으로는 부족하다. 수업 중에 학생들이 가상현실에서 제공되는 것들을 냉철하게 평가하고 가상세계 체험들을 올바르게 소화하도록 만들어야 한다. 이를 위해서는 또한 영웅담과 현대판 전쟁게임 사이의 유사점들을 지적할 수도 있겠다. 별의별 잡동사니를 다 가지고 있는 현대의 컴퓨터 기술은 유혹적이다. 그러나 컴퓨터 게임의 배후에 자리 잡은 아이디어는 종종 문학의 텍스트에서 빌려온 것이고, 이런 문학 작품들은 오늘날까지도 흥미진진하며 청소년들의 상상력을 자극할 수 있다.

가상 세계는 결정적인 흠을 지니는데, 우리는 바로 이걸 이용해야 한다. 그 세계는 몸이 없는 세계인지라, 거기에서는 아이들이 몸을 움직이려는 자연스러운 욕구를 충족시키지 못한다. 이 틈새를 바로 매력적인 스포츠들로 채워주는 것이다. 전사戰士 문화의 세계에서 밤새 가상 전투를 벌이는 소년이라면 투기 종목을 고르는 것이 그 게임을 향한 열광을 가라앉히는 이상적인 수단이 될 것이다.

# 따돌림의 문제

남자아이들은 인터넷에서 대부분 온라인 롤플레잉 게임에 관심을 가지는 반면, 여자아이들은 특히 소셜 네트워크에서 시간을 보낸다. 소셜 네트워크에는 Knuddels.de와 같은 채팅 포럼, ICQ와 같은 메신저 프로그램, SchülerVZ와 StudiVZ와 같은 온라인 커뮤니티 등이 있다. 물론 거기에서는 정처 없이 표류하거나 심지어 가상세계 속으로 푹 빠져버릴 위험성이 온라인 롤플레잉 게임보다는 적다. 이런 인터넷 플랫폼에서는 사람들 사이에 현실적 관계를 맺고 가꾸기 때문이다. 하지만 이런 식으로 이루어지는 아동과 청소년들의 소통에도 위험성이 있다. 누구나 아는 사실이지만, 인터넷에서는 정보를 조작할수 있고 그 정보는 상당히 오래 보존될 수 있으며 수많은 사람들이 거기 접근할 수 있기 때문이다.

성인이 인터넷 플랫폼에 사적인 데이터와 정보를 내놓을 때는, 적어도 그 위험성을 현실적으로 헤아려보았을 것이라고 기대할 수 있다. 물론 성인의 경우조차 이러한 통제가 어려울 때도 적지 않다. 특히 무료 이메일 계좌 같은 특전을 줄 터이니 사적인 데이터를 공개하라고 유혹하면 망설이지 않게 되기 때문에 스스로를 통제하기가 힘들어진다.

하지만 특히 아동과 청소년들에게는 디지털 세계를 책임 있게 다루기 위해 필요한 인생 경험이나, 선견지명, 혹은 건전한 의심이 없는 경우가 더 많다. 인터넷 커뮤니티는 아이들에게 자기소개를 하면서 취미, 친구, 좋아하는 과목, 생일 등을 공개하라고 요구한다. 많은 사람들이 누구나 들락거릴 수 있는 영역에 사적인 사진들까지 공개한다. 이렇게 신상을 노출하는 일이 초래하는 해악은, 유감스럽게도 너무 늦게야 인식되는 경우가 많다. 예를 들어보자. 우리 학교에서 여학생 두 명이 쓰라린 일을 겪었다. 이 학생들은 최근 아비투어 후의 파티에서 찍은 사진들을 인터넷에 공개했는데, 모두 술에 잔뜩 취한 몰골이었다. 아이들은 나중에 은행의 직업훈련생 면접에서 이 사진에 대한 이야기가 나왔을 때야 비로소 깜짝 놀랐다. 결국 그들의 행동이 은행의 진지한 이미지와 어울리지 않는다고 해서, 그들은 채용에서 탈락되고 말았다.

SchülerVZ, StudiVZ, 페이스북 같은 온라인 커뮤니티 활동에 참여하는 일은 얼핏 해로울 게 없어 보이지만, 아동과 청소년은 여기서 성인들로부터 상처입기 쉽다. 그 뿐이랴, 인터넷의 경우는 참여자들이 서로 물리적인 거리를 가지기 때문에 더러 서로 직접 교제하는 것과는 다른 식으로 행동하게끔 유도한다. 서로 눈으로 봐가면서 반응을 주고받지 않기 때문에, 악의적이고 가차 없는 말, 심지어 심각한 모욕이나 중상모략을 하고픈 유혹을 강하게 받는 것이다. 물론 커뮤니티 안에 나름의 행동규칙이 있기는 하지만, 항상 이런 불쾌한 사태를 막아내지는 못한다. 오히려 때로는 언어 사용에 대한 규칙 때문에 교묘한 표현이나 비유를 사용해서 그런 규칙을 우회해서 상대를 깔보고 빈정대는 경향까지 있다. 특히 또래 집단 내에서 올바르게 행동하는 법을 충분히 배우지 못한 아이들은 그런 인터넷 포럼에서 제대로 처신하는 일이 쉽지 않다. 거기에서도 현실적 삶에서와 마찬가지로 타인에 대해 자기주장을 내세우면서도 갈등을 조정하고 타협하고 자기 실수를 인정하는 일이 중요하기 때문이다.

인간은 서로 얼굴을 맞대고 만날 때 타인과 공정하게 교제하는 법을 가장 잘 배울 수 있다. 이 경우 오감을 모두 사용해서 자신의 행동이 상대와 공동체에 미치는 영향을 관찰할 수 있기 때문이다. 이건 중요한 교정수단이다. 예를 들어 경솔한 말로 누군가의 마음을 상하게 하거나 치욕을 안겨주었다면 그 사람의 슬프거나 화난 표정에서 바로 알아볼 수 있다. 그런 반응은 '공격자'에게 언짢은 기분이나 양심의 가책을 불러오고 결국 사과하게 만든다. 그렇게 되지 않으면 아마도 공동체에서 "이 일을 이대로 내버려두어서는 안 돼."라면서 해결을 요구할 것이다. 보통의 경우 이런 식으로 갈등은 화해로 끝나게 된다.

물론 집단 따돌림의 경우엔 전혀 다른 일이 일어난다. 이때는 비열한 짓이나 헐뜯기가 대개 희생자에게 노골적으로 이루어지기보다는 농담 등으로 포장되어서 이루어지기 때문이다. 가령 어떤 학생이 말을 꺼내려 할 때, 경멸적으로 바라보거나 심술궂게 말하기만 해도 충분하다. 아니면 시선을 돌려버리거나 상대를 무시해버려도 마찬가지다. 그 목적은 언제나 그 사람에게 굴욕감을 주고 고립시키려는 것이다. 자신감이 부족한 아이들이 드물지 않게 집단 따돌림의 희생자가 된다. 그리고 불행하게도 희생자들은 대개 자기에게 책임이 있다고 생각한다. 그러면 수치심을 느껴서 그렇게 놀림 받는 사실을 부모나 교사에게 오랫동안 말하지도 않는다.

유감스러운 일이지만, 학생들 사이에서 집단 따돌림이 점점 늘어나고 있다. 이는 부분적으로는 아동과 청소년들에게 상대방에 대하여 감정이입感情移入을 하는 능력이 줄어들었기 때문이다. 다른 원인도 있다. 매스 미디어가 좋지 않은 본보기와 실례를 보여주고 있기 때문이다. 다른 사람을 '족치는' 일이 유행이 되었는가 하면, 그런 행위가 높은 시청률까지 보장한다. 또 다른 원인은 교사들이 감내하는 시간적인 부담이 지나쳐, 학교에서 인격 도야나 갈등 관리를 위해 충분한 교육을 하지 못하기 때문이다. 인터넷을 통해 소통을 하는 가운데 학생들 사이에 집단 따돌림은 더욱 늘어났다. 인터넷에서는 희생자가 꼼짝도 하지 않고 모든 일을 그냥 견디는 것처럼 보이는데다, 인터넷의 익명성 때문에 공동체가 특정 개인에게 동정을 보내기 어렵기 때문이다. 그래서 특히 중·고등학교에서 '사이버 집단 따돌림'이 점점 더 자주 일어난다. 인터넷을 통해서나 핸드폰을 이용하여 특정 학생을 조롱하고 괴롭히고 소외시키는 것이다. 전문가들에 따르면 현재 초·중고 학생의 10~15%가 실제이거나 편집된 수치스러운 사진 혹은 영상 때문에 그러한 비방과 조롱에 들볶이고 있다. 집단 따돌림 중에서도 특히 모진 방식은 소위 "해피 슬래핑(Happy Slapping)"이다. 이것은 희생자를 육체적으로 학대하는 장면을 핸드폰이나 비디오로 찍어서 인터넷에 올리는 짓거리이다.

　　우리 학교에서도 얼마 전 집단 따돌림이 일어났다. 괴롭힘이 점점 도가 지나치게 되어 교장인 나까지 개입하게 되었던 일이다. 괴롭힘을 당하는 여자아이 이리나는 분명한 목표를 가진 학생이다. 이 아이는 반드시 대학에 가려고 했다. 그래서 아비투어 평균성적을 높이려는 일념에 학교를 위해 열심히 봉사했다. 그런데 아등바등 노력하는 이리나의 태도가 일부 학생들에게는 분명 눈에 가시였던 모양이다. 게다가 이리나의 식구가 얼마 전에 폴란드에서 독일로 이주해 왔던 터라, 아이의 독일어에는 폴란드식 억양이 약간 들어있었다. 단체여행에서 이리나는 더욱 국외자가 되었다. 이 여행 중 다른 학생들은 대부분 운동 경기에서 마음껏 기량을 뽐냈지만 아이는 운동을 못했기 때문에 여기에서도 소외되었던 것이다.

　　몇몇 학생들은 여행 중에 벌써 이리나에게 트집을 잡으면서 못살게 굴기 시작했고, 돌아온 후에는 행동이 점점 심해졌다. 처음에는 이리나가 수업시간에 무슨 말만 하면 가볍게 수군거리는 정도였지만, 점점 돼지 흉내를 내서 꿀꿀거리는 소리가 또렷하게 들리기 시작했다. 선생님들은 단호한 태도를 취하고 그 반 학생들을 문책했다. 특히 주동자로 보이는 코르넬리아는 개인 면담을 통해 이리나를 괴롭히지 말라는 강력한 경고를 받았다. 그렇지만 아무 효과가 없었다. 얼마 지나지 않아 이리나는 SchülerVZ에서 코르넬리아가 쓴 글을 보았다. 코르넬리아는 "폴란드 돼지 추방"이라는 단체를 만들자고 선동했다. 말할 것도 없이 이리나를 겨냥한 글이었고 이리나도 금세 알아차렸다. 이리나는 나중에 그 '회원' 명단에서 자기 반 친구 몇 명의 이름을 발견했다. 이리나는 이런 봉변을 당한 것에 대해 침묵했다. 이 일이 곧 가라앉기를 바랐기 때문이다. 그러나 사태가 진정되기는커녕 얼마 지나지 않아 같은 곳에 돼지 몸에 이리나의 얼굴을 붙인 사진이 올라왔다. 이리나는 깜짝 놀라 담임선생님에게 도움을 청하기로 결심했다. 자기 학생들의 행동에 충격을 받은 선생님은 그 아이들에게 이리나에게 사과하고 사진을 즉시 지우라고 재촉했다.

유감스럽게도 집단 따돌림의 악순환은 이런 조치로 끊어지지 않았다. 사진은 SchülerVZ에서는 자취를 감췄지만 얼마 지나지 않아 스크린세이버가 되어 그 반의 컴퓨터에 다시 나타났다. 담임선생님이 질책하자 학생들은 이렇게 강변했다. "그냥 장난이에요. 이리나도 그렇게 골을 내지는 않았는데요." 그러나 이리나는 더는 참을 수 없어서 담임선생님과 함께 내게로 왔다. 나는 무슨 일이 일어났는지 물었다. 아이는 왈칵 눈물을 쏟으면서 떨리는 목소리로 말했다. "이제 못 참겠어요. 아이들이 저를 가만히 놔두지 않아요. 저는 집단 따돌림을 당하고 있어요."

그때까지 나는 이런 일은 우리 학교에서는 있을 수 없다고 생각해왔다. 우리는 모든 폭력을 추방하자고 학생들과 합의했었고, 그러한 합의 덕택에 이런 일은 일어나지 않을 것이라고 생각했던 것이다. 애석하게도 나의 착각이었다. 나는 이제 단 한 명의 아이가 끊임없이 공격을 가하기만 해도 그 집단이 "만만한" 희생자를 따돌리는 일이 일어날 수 있음을 알게 되었다. 하지만 왜 그런 아이는 집단 따돌림의 가해자가 되고 다른 아이들은 왜 거기 가담하는가?

사회적 행위는 경험과 모범을 통해 형성된다. 부모와 교사가 어떤 것을 혼자 가지기보다는 나누어 주는 일이 낫다는 입장을 견지한다면, 이는 아이들에게 깊이 아로새겨진다. 어느 사회적 계층에 속하느냐에 상관없이 그렇다. 집단 따돌림은 기본적으로 힘을 과시하려는 것이다. 집단 따돌림 가해자는 권력을 추구하며, 동료 학생들 사이에서 자기 위상을 다지고 인정을 받기 위해 희생자를 이용한다. 이때 가해자와 피해자의 갈등은 부수적일 따름이다. 그 중심에는 집단 내 역학관계가 있다. 가해자가 가담자들을 많이 끌어들일수록 명성이 자자해지고 위치도 공고해진다. 집단 따돌림의 가해자들은 종종 자존감이 약한 사람들이어서 집단 따돌림을 통해 이를 보상하려 든다. 자기 가치를 높이려고 타인에게 굴욕을 주는 것이다. 따라서 약하게 보이거나 학급이라는 집단 내에서 지원이 적은 사람이라면 누구든지 희생양이 될 수 있다.

집단 내 역학관계 때문에 나타나는 집단 따돌림의 악순환은, 어느 한 학생의 단 한 마디 허튼소리로 시작하더라도 곧 한 반의 학생들이 모조리 끼어들 만큼 악화될 수 있다. 능동적으로 가해자가 되거나 수동적으로 관찰자가 되거나 용기가 없어 그저 참고 있거나 간에. 많은 학생이 능동적으로 참가할수록 주모자는 강한 추진력을 얻어서 교사들 눈앞에서까지 집단 따돌림을 할 만큼 자신감을 가지게 된다.

집단 따돌림의 많은 희생자들은 이런 굴욕적인 공격과 전횡專橫에서 벗어나기 위해 그저 달아나거나 다른 학교로 전학한다. 유감스럽게도 그래봤자 상황이 나아지지 않는 경우가 있다. 아이들이 온라인 커뮤니티를 통해 단위 학교를 넘어서 정보를 교환하기 때문에, 그 희생자가 새 학교에 도착하기도 전에 전학의 사연이 구설수에 오르고 그래서 어쩌면 처음부터 그런 굴욕이 다시 시작될 위험까지 있는 것이다.

우리 학생 이리나는 지속적으로 심리적 스트레스를 받아 걷잡을 수 없게 침울해졌고 복통과 같은 심신이 서로 연관되는 통증에 들볶이게 되었다. 그러나 아이는 다른 학교로 전학하려고 하지 않았고 그저 이런 정신적 테러가 가급적 빨리 중단되기만을 희망했다. 나는 아이에게 말했다. 이 일 때문에 너무 가슴이 아프지만, 다른 한편 아이의 인내심에 경탄을 금할 수 없다고. 그리고 우리는 담임선생님과 더불어 이 상황을 어떻게 극복할 수 있을지 심사숙고했다. 이 일을 해결하는 데 있어 첫 단추를 잘 꿰기 위해서 이리나에게 반에서 아직 좋은 친구가 있는지 물었다. 아이는 친구 두 명의 이름을 댔다.

한 반 안에서 여러 집단이 편을 갈라 대립하는 일을 막기 위해 징계는 하지 않기로 했다. 그 대신 우리는 이리나 친구들과 면담을 했다. 아이들에게 이 일에 대해 설명하고 도와달라고 청했다. 먼저 그 반의 학생들이 전체적으로 서로에 대해 어떤 태도를 취하고 있는지 알아내고자 했다. 이리나 친구들은 반 분위기가 뒤죽박죽이라고 투덜댔다. 다양한 집단이 있어서 참된 학급 공동체라고 말하기는 어렵다는 것이다. 그래서 그 반에 어떤 집단들이 있는지 알아내기 위해 학생들 사이의 친근감과 적대감에 대해 탐문을 해봤다. 나는 이런 식으로 누가 가해자 집단에 속하고 누가 피해자 집단에 속하며 누가 중립적 입장인지를 캐내고자 했다. 내가 알아낸 것은 코르넬리아가 그 반 학생의 대략 40%를 자기편으로 만들었고, 그래도 약 20% 정도는 이리나 편에 있다는 사실이었다. 다른 40%는 이 갈등에 끼어들지 않는 것처럼 보였다.

그 다음 단계로 우리는 각 집단을 대표하는 아이들을 각각 한 명씩 지목해달라고 한 다음, 이들을 모두 불러 공동 면담을 실시했다. 먼저 그들을 왜 불렀는지 설명하고 나서, 지금 학급 분위기가 얼마나 좋다고 생각하는지를 0부터 100%까지 등급으로 이야기해달라고 부탁했다. 학생들은 모두 엇비슷하게 약 30% 정도라고 말했다. 의외는 아니었다. 집단 따돌림과 교사의 엄격한 질책이 학급 분위기를 무겁게 했기 때문이다. 나는 계속해서 물었다. 학급 구성원들이 애를 쓴다면 이 분위기가 몇 %까지 나아질 것 같으냐고. 대략 70%까지 수치가 올라갔다. 그 다음에 학생들더러 학급의 평화를 회복하기 위해 자신이 어떻게 도울 수 있을지 생각해보라고 시켰다. 아이들이 내놓은 제안은 제법 다양했다. 어떤 학생은 코르넬리아와 얼굴을 맞대고 이야기해보면 어떻겠냐고 했고, 다른 두 학생은 좀 더 이리나를 배려하겠다고 했다. 학급회의를 열어서 공동의 규칙에 합의하여 다시는 학급 내 집단 따돌림이 일어나지 않도록 하자는 제안도 있었다. 세 집단의 대표자들은 자기가 해야 할 과제를 알게 되었고, 자기 자신이 나서서 행동함으로써 이 유쾌하지 않은 상황을 해결하는 데 기여할 수 있음을 깨달았다.

2주 후에 코르넬리아도 면담에 불렀다. 학교 친구들이 이 아이에게 이미 어느 정도 영향을 미친 상태였다. 친구들은 이 나쁜 분위기가 코르넬리아 때문이라고 말하면서 이리나를 괴롭히지 말라고 요구했다. 내게 온 코르넬리아는 눈물을 글썽거렸고 어느 정도 의기소침하고 고분고분해진 듯이 보였다. 아이는 이런저런 군색한 핑계를 대지 않고 자기 행동이 공동체를 해치는 것이었다고 내게 사과했다. 친구들은 코르넬리아가 이리나를 괴롭히는 일이 학급 분위기를 얼마나 망쳤는지 깨닫게 만든 것이다. 아이는 이리나한테도 이미 사과했다고 말했다. 나는 집단 따돌림이 범죄라는 사실을 설명하고, 그 아이가 이리나 마음에 얼마나 깊은 상처를 남겼는지도 말해주었다. 그러자 코르넬리아는 자진해서 이리나에게 한 짓을 갚기 위해서 집으로 식사 초대를 하겠다고 말했다. 이제 이리나는 학급 친구들의 도움으로 평정을 회복해서 그 초대를 받아들일 수 있게 되었다. 두 소녀는 화해를 했고 그 후 이리나는 다시 아무 걱정 없이 학교에 올 수 있었다.

이 사례에서는 관련된 모든 사람들이 이성적이어서 공동으로 해결책을 모색할 수 있었고, 집단 따돌림의 희생자가 피치 못해 학교를 떠날 정도로 갈등이 악화되지는 않았다. 행운이었다. 만약 그렇지 않았다면 학생들에게 책임을 지도록 만든다든지, 바람직한 학급 공동체를 위해 모두 문제 해결에 참여하게 만드는 일은 실패했으리라.

집단 따돌림이 일어나면 최대한 빨리 대응해야 한다. 그리고 무엇보다도 섬세한 마음씀씀이가 필요하다. 집단 따돌림 피해자는 수치심에 시달리기 때문에, 그 갈등을 그저 혼자 곱씹으면서 부모와 교사에게 아주 늦게야 이야기하는 경향이 있다. 대개의 경우 아동이나 청소년이 따돌림 당하는 것을 어른들이 알게 되는 것은, 그 괴로움이 너무 커져서 아이가 심신상관적 증상에 부대껴서 더 이상 숨길 수 없게 될 즈음이다. 그런 일이 오래 지속될수록 피해자의 몸과 마음에 미치는 영향은 더욱 커진다. 그러므로 수면장애, 복통, 의욕상실, 등교 거부 등의 증상에 주의를 기울이고 눈에 띄는 일이 있으면 집중적으로 알아보아야 한다.

부모나 교사가 해당 학생과 진솔하게 대화를 하려면 깊은 신뢰가 있어야 한다. 그러려면 어른들이 시간을 넉넉하게 내고 정확하게 귀를 기울이며 피해자의 행동에 대해 섣부르게 저울질하지 말아야 한다. 집단 따돌림을 당하는 아이들은 무엇보다도 연대連帶와 인정과 확고한 행동을 원한다. 그 밖에도 만인의 앞에서 가해자의 정체가 까발려질 때 어떤 일이 일어날지에 대해서도 뚜렷한 전망이 있어야 한다. 따돌림 당하는 아이는 어른이 끼어들면 또 다른 문제가 생겨날지도 모르기 때문에 두려워한다. 우리는 이런 걱정을 염두에 두고 앞으로 어떨 일이 생길지 이야기해주어야 한다. 또 대화가 이쯤에 이르면 최후의 수단으로 경찰에 고발할 수도 있다는 것도 거론해야 한다. 많은 청소년들은 집단 따돌림이 인권 침해여서 범죄의 구성요건이 된다는 사실을 까맣게 모른다.

그러나 대개의 경우 피해자 부모는 자기가 가해자를 '잡으려고' 해서는 안 된다. 그런 경우에는 자기 아이가 다른 학생들 앞에서 웃음거리가 되고 상황이 악화될 위험이 있다. 차라리 너무 늦기 전에 담임이나 교장과 상의하는 것이 상황을 더 빠르게 가라앉힐 수 있다. 나는 한 번은 여학생을 집단 따돌림한 남학생 세 명에게 게시문을 통해 그녀에게 공개 사과하라고 채근했다. 아비투어 시험을 보기 직전이던 소녀는 너무 의기소침해져서 명료하게 사고할 수도 없었고 하물며 시험 준비는 생각도 못할 지경이었다. 학생들은 '재미'로 사진편집 프로그램으로 아이 사진을 일그러뜨려서 학교 서버에 올려서 프로그램이 시작할 때마다 뜨게 만들었다. 그래서 소녀는 이런 행동에 대한 배상으로 세 학생이 학교 전체에 그릇된 행동을 털어놓고 자기에게 공개 사과하기를 원했다. 소년들은 게시판에 글을 붙이겠다고 받아들였다. 게시문에서 사과를 했을 뿐더러 다른 학생들에게 그런 "재미"를 보려고 다른 사람을 희생시키지 말라고 권하기까지 했다.

이러한 방식을 통해 나는 그 청소년들에게 해서는 안 되는 행동의 한계를 명료하게 보여주려고 했다. 그 밖에도 그들이 성인이 되어서 그 여학생을 억압하고 굴욕을 준 것을 즐거웠던 경험으로 기억하지 못하게 막고 싶었다. 집단 따돌림은 피해자를 해칠 뿐 아니라, 학교, 대학, 회사 등 공동체에도 해악을 끼치기 때문이다. 집단 따돌림은 개인과 집단의 힘을 억누르기 때문에 좋은 성과를 내지 못하게 저해한다. 또한 집단 따돌림 가해자들은 자기 자신을 해친다. 그 상황에서 자기가 힘을 가졌다고 느끼지만 동시에 그 집단에 의해 무자비하고 감수성이 없다는 평가를 받을 것이며, 그래서 결국 그들 자신의 위치와 자존감을 강화시키는 것이 아니라 약화시키기 때문이다.

집단 따돌림을 막으려면 부모와 교사들은 공동체 내에서 좋은 분위기를 만들어 모두가 평화롭게 공동생활을 할 수 있게 만들어야 한다. 이를 위해서 아이들은 아주 어릴 때부터 서로를 존중하는 인간관계를 연습할 필요가 있다. 우선 서로 만나고 헤어질 때 인사하기를 배워야 한다. 실수를 인정하고 타인의 몸과 마음에 고통을 가했을 때 사과하는 법을 배워야 한다. 그리고 도움이나 관심을 받으면 감사하는 법도 배워야 한다. 가정에서 이런 것을 배우지 못했다면 학교가 이를 바로잡을 수 있는 장소이다.

어떠한 형태로든 폭력을 예방하고 배척하는 것도 집단 따돌림을 미연에 방지하기 위해 중요한 전제다. 또한 앞서 서술한 사례를 보면 가해자나 피해자의 자존감 결여도 갈등을 불러올 수 있음을 알게 된다. 그러므로 인성을 강화하고 자존감을 높이는 일도 가정과 학교의 가장 중요한 과제 중 하나다.

# 강한 아이는 어려운 위기도 극복한다

아동과 청소년이 사고, 부모의 죽음, 학대, 성폭력 등 트라우마 (정신적 외상外傷)의 경험을 극복하는 일은 대부분 극히 어렵다. 몸에 나는 상처야 어느 정도 시간이 흐르면 치유될 수 있다. 하지만 이와 더불어 생겨나는 영혼의 상처는 더러 평생 동안 희생자를 따라 다닌다. 예를 들어 전문적인 외상 치료의 도움을 받아 그러한 경험을 자기 역사의 일부로 이해하고 받아들여야만, 외상적 사건으로 생겨난 무력감과 막막한 느낌을 이겨낼 수 있다.

외상의 경험을 혼자 견뎌내야 하는 아이들은 일종의 지속적 스트레스에 빠져들곤 한다. 그런 아이들은 집중하기 힘들고, 공황 발작에 시달리며, 무엇인가에 중독되는 성향이 평균 이상으로 강해지는 경우도 허다하다. 간혹 학교 성적까지 떨어지거나 부모와 교사에게 반항적 태도를 보여서 제재를 받기도 한다. 그렇게 태도가 변해버린 진짜 이유가 드러나지 않고 숨겨져 있기 때문이다.

　나는 아직도 젤린이라는 여학생을 기억한다. 그 아이는 하우프트슐레를 졸업한 후 중간졸업장을 따기 위해 우리 학교에 왔다. 그리고 처음부터 학급을 어수선하게 만들었다. 수업시간에 처음 그 아이를 만났을 때 나는 아이가 겉으로는 똑똑하고 쿨하고 자신감 있어 보이지만 속으로는 엄청난 긴장감에 휩싸여 있다는 인상을 받았다.

　열일곱 살 먹은 그 여학생은 기본적으로 막무가내로 행동했다. 급기야 나는 아이를 조용히 시키려고, 함께 하우프트슐레에서 온 친구 야스민과 떨어져 앉으라고 시켰다. 그러자 아이는 큰 소리로 바득바득 항의하는 것이었다. 또 어느 교사가 숙제를 하지 않았다고 꾸짖자 아이는 눈만 이리저리 굴렸고, 나중에는 숙제를 하지 않았기 때문에 나쁜 점수를 받은 사실을 두고 불평을 터뜨렸다. 젤린은 기본적으로 누구에게나, 그리고 모든 일에 대해 어깃장을 놓았고, 연신 교사와 학생들의 주목을 끌려고 했다. 시간이 흐르면서 지각도 잦아졌고 며칠씩 결석하기도 했다.

　담임교사가 젤린에게 경고하기도 했고 학년주임과 단독 면담을 갖도록 하는 등, 교육적 조치를 우선 취해보았지만 성과는 없었다. 그래서 결국 부모님에게 면담을 청했다. 이 면담을 통해 젤린이 예전에도 이미 이런 문제를 일으켰음을 알게 되었다. 그래서 9학년 때 레알슐레에서 하우프트슐레로 전학했던 것이다. 거기에서 마음을 다잡고 졸업을 했다. 젤린의 어머니는 진심으로 애를 태우고 불안해하면서 젤린의 성정(性情)이 아주 격하다고 설명했다. 새로운 환경과 급우들에게 적응하려면 어느 정도 시간이 필요할 거라는 얘기였다.

젤린은 태도를 개선하겠노라고 굳게 약속했다. 하지만 오래 지나지 않아 다시 옛날로 돌아갔다. 우리는 이제 학급협의회(Klassen-konferenz)를 소집할 수밖에 없다고 생각했다. 계속 그렇게 행동하면 어떤 일이 일어날지를 젤린이 분명히 자각하기를 바랐기 때문이다. 그런데 해당 학생이 자기가 법정에 세워졌고 이제 싫건 좋건 사태가 어떻게 해볼 수 있는 범위를 벗어났다는 느낌을 받으면, 학급협의회라는 이 제도는 사태를 악화시킨다. 그래서는 아이가 학교에 대해 염증을 가지고 특이한 행동을 하는 데에 무슨 곡절이 있는지 알아내고 함께 문제 해결을 위해 노력하는 데 도움이 되지 않는다. 또한 많은 부모가 학교 당국과 교사들과 대화를 '강요'받는 일을 불쾌해하거나 수치스럽게 여긴다.

그러므로 학급협의회가 성공하려면 모든 참여자가 다른 편의 관점을 취해보려고 노력해야 한다. 인디언의 유서 깊은 속담에 이런 게 있지 않은가? "그 사람의 모카신을 신고 석 달 간 걸어보기 전에는 절대 그에 대해 판단하지 말라." 그러나 아쉽게도, 심심치 않게 일어나는 일이지만, 학급협의회에서 인신공격과 고발로 포문을 열면 이처럼 관점을 서로 바꿔보는 일은 일어날 수 없다. 그래서 나는 회의 시작 전에 두 차례 짧은 예비면담을 하곤 한다. 먼저 교사들이 학생의 그릇된 행동 때문에 느끼는 불쾌감을 이야기하게 하고 이를 통해 그들이 한숨을 돌리게 만든다. 그 다음에 ─회의실 밖에서─ 학생과 부모와 이야기를 나눈다. 그들이 이 일을 바라보는 관점을 들어보기 위해서다.

이러한 '세팅'을 할 때 나는 우리가 결코 단죄를 하려는 것이 아니라 학생이 순조롭게 졸업하도록 도우려는 것이라고 설명한다. 그렇게 하여 신뢰의 토대가 마련되면 회의가 성공할 가능성이 커진다. 또한 이러한 사전의 대화에서는 공공연히 말할 수 없는 어떤 일들에 대해 미리 이야기할 수도 있다. 사망, 질병, 이혼, 실직 등 가정 내의 이례적 사건들은 이러한 공개적 회의에서 다룰만한 주제가 아니잖은가. 이렇게 먼저 예비 면담을 하고나서 참가자들이 서로 간단히 자기소개를 하면서 본 회의를 시작하는 것이다.

젤린에 대한 학급협의회에서 우리의 목표는 아이가 자기 행동에 대해 진지하게 반성해보고 우리와 부모와 더불어 어떻게 하면 태도를 바꿀 수 있을지 생각해보게 만드는 것이었다. 그래서 나는 회의 초두에 몇 마디를 하고 나서, 이른바 "순환적 질문" 기법을 이용해 우리가 원하는 대로 아이가 관점을 바꿔보도록 유도했다. 이러한 질문 기법에서는 상대방에게 예를 들어 다른 참가자들의 느낌, 해석, 관찰에 대해 추측해볼 것을 요청한다. 그러니까 "지금 선생님들이 너에 대해서 어떻게 생각하고 있을 것 같니?" 혹은 "부모님은 어떻게 느끼실까?"라고 묻는다면, 아이는 당사자가 아니라 관찰자의 관점을 취해볼 수 있다. 이를 통해 대개의 경우 아이가 잘못 추측하고 있는 것을 찾아낼 수 있을뿐더러 참가자들이 서로 소통하는 방식도 뚜렷하게 나타난다. 나아가 자기 자신의 행동에 대하여 다른 참석자들이 어떤 의미를 부여하는지도 드러난다. 예를 들어 교사들이 자기를 어떻게 생각하는지에 대한 학생의 추측은, 종종 교사들이 진짜 생각하는 것에 비해 훨씬 부정적이다. 이런 방식으로 대화를 이끌면 분위기는 전체적으로 느긋하게 풀어진다. 그리고 대화는 더 솔직하고 협조적이 된다.

참가자들은 그런 질문 방식에 대해 놀라는 경우가 많다. 언뜻 보기에 그런 질문들이 '진짜' 사태를 해명하는 데 별로 의미가 없고 부차적인 것 같기 때문이다.

예를 들어 나는 그 날 회의에서 젤린에게 제일 먼저 이렇게 물었다. "둘도 없는 네 친구 야스민은 기분이 지금 어떨까?"

"아마 저 때문에 마음이 아플 거예요. 제가 학교에서 쫓겨나면 걔는 혼자가 될 테니까 걱정이 되겠죠."라는 대답이 돌아왔다.

다시 물었다. "어제 저녁에 부모님이 오늘 회의에 관하여 이야기를 나누셨을까?"

"글쎄요. 부모님도 제가 학교에서 쫓겨나면 어떻게 될지 걱정하시겠죠."

"그러면 선생님들은?"

"아마 저를 견디기 힘드실 테니까 그저 저한테서 벗어나기를 바라실 거예요." 아이는 애달픈 표정으로 거기 있는 사람들을 둘러보았다. 그리고 선생님들이 그 말에 고개를 가로젓자 자못 놀란 것 같았다. 젤린 부모님도 선생님들의 반응이 이럴 거라고는 생각하지 못한 듯했다.

담임선생님이 대표로 나섰다. "그렇지 않아. 너는 졸업을 할 능력이 있거든. 네가 그럴 수 있도록 돕고 싶단다."

그런 다음 어머니는 젤린이 예전에는 명민하고 "키우기 쉬운" 아이였고 학교성적도 늘 좋았다고 말했다. 9학년이 되어서야 학교에 대해 흥미를 잃어버렸다는 것이다.

나는 물었다. "이렇게 갑자기 변한 이유가 무얼까요?" 어머니는 내키지 않은 듯 우물쭈물하다가 두루뭉술하게 둘러댔다. 아마도 성장 과정이라 그럴 것이라는 것이다. 터키 출신의 아버지는 달다 쓰다 말이 없었다.

젤린이 흐느껴 울기 시작했다. 훌쩍거리면서 우리 학교에 꼭 남고 싶다고 말했다. 그렇지 않으면 야스민과 헤어져야 한다는 것이다. 게다가 자기한테는 중간졸업장이 아주 중요하다고 했다. 앞으로의 인생에서 무언가 이루고 싶기 때문이다. 이 순간 아이는 깊이 뉘우치고 있는 것처럼 보여서 예전의 아이와 동일인이라고 생각하기는 어려울 지경이었다.

그 다음에 나는 어떻게 해야 문제를 해결할 수 있을까로 대화의 방향을 돌렸다. 문제 해결을 위해 아이의 행동을 어떻게 바꿀 수 있을지 이야기를 끄집어내고자 했다. 그래서 이제 다음과 같이 상상해보자고 제안했더니 젤린은 깜짝 놀랐다. 젤린에게 쌍둥이 자매가 있는데, 둘은 아주 쏙 빼닮았고 8학년 때까지 아주 똑같이 살았다고 상상해보자. 그 다음에 두 사람의 길은 갈라지고 서로 다른 경험을 하게 되었다. 이 제2의 젤린이 이제 우리 학교에서 야스민을 만난다면, 야스민은 그 아이가 자기 친구 젤린이 아니란 걸 어떻게 알아차릴 수 있을까?

젤린은 생각에 잠긴 채 나를 바라보다가 한참 후에야 대답했다. "야스민이 보는 제2의 젤린은 아마도 진짜 젤린보다 훨씬 더 자유롭고 여유가 있을 거예요. 그리고 그 젤린은 아마 그렇게 성질이 고약하지 않고 무조건 자기가 중심이 되려고 하는 일도 없을 거예요."

나는 다시 물었다. "야스민이 제2의 젤린도 '자기의' 젤린만큼 좋아할까?"

"제 생각에는 제2의 젤린을 더 좋아할 것 같은데요."

그래서 나는 다시 물었다. 다른 사람들도 두 젤린의 차이를 알아차릴까?

"네, 제 남자친구와 부모님도 아실 거예요." 그 사람들은 제2의 젤린이 어떤 점에서 다르다고 느끼게 될까? 아이는 말했다. "걔는 더 용감하고 명랑한 성격이겠죠."

이런 질문들을 던진 이유는 젤린이 태도를 바꾼다면, 그러니까 상상 속의 제2의 젤린처럼 행동한다면, 아이의 삶이 어떻게 변할지를 떠올려보도록 하려는 것이었다.

자기에게 어떤 일이 일어날 수 있는지를 최대한 구체적으로 떠올리는 사람만이 어떤 길을 갈지 결정할 수 있다. 그래서 그 다음에 자기의 쌍둥이 자매가 더 용감하고 명랑하다는 것을 어떻게 알아차릴 수 있느냐고 물었다. 아이는 용감하다는 것에 대해서는 제2의 젤린이 확고한 자기 입장을 가지고 스스로를 믿고 자기 결정을 굳건히 유지한다고 말했다. 명랑하다는 것에 대해서는 사람들을 서글서글하게 대하고 너그럽고 다른 사람을 존중하는 데에서 알아차릴 수 있다고 했다.

이처럼 젤린은 관점을 바꿔봄으로써 자기가 더 좋다고 여기고 자기에게 비상구를 열어줄 여러 성격과 행동을 하나하나 열거했다. 이제 앞으로 상상 속의 쌍둥이 자매처럼 행동하고자 시도하는 일만이 남은 것이다. 그리고 아이는 좋은 결심을 지키겠다는 약속을 학교 측에 표명해야 했다. 그래서 나는 아이에게 물었다. 사람들을 대하는 방식이나, 너그러움, 타인의 존중 등과 관련된 너의 결심을 기록해두고, 이를 서로 확고히 합의한 서약으로 간주해도 좋겠니? 젤린은 동의했다.

　　여기 참가한 교사들은 이런 식의 문제 해결방식에 박수를 치면서, 매주 수업 후에 젤린의 행동에 대해 아이에게 짤막하게 피드백을 주겠다고 약속했다. 부모님도 그 날 저녁에 그 회의에 대해 다시 생각해 본 다음, 젤린과 구체적인 문제들에 대해 합의를 하겠다고 약속했다. 예를 들어 아이가 아침에 피곤하지 않은 상태로 등교할 수 있게끔 저녁 귀가 시간을 합의해서 정하기로 했다. 마지막으로 내가 젤린에게 물었다. 네 친구 야스민은 어떻게 도울 수가 있을까? "제가 잘못된 행동을 할 때, 그걸 지적해주면 돼요."

　　회의를 마치면서 절차상 필요한 견책 처분이 이루어졌다. 앞으로 또 그릇된 행동을 한다면 학교가 용인할 수 없으며, 계속 말썽을 일으키거나 무단결석을 하면 퇴학 처분을 받게 된다는 내용이었다. 젤린은 사태를 무사히 넘겼다는 생각에 홀가분한 마음이 된 것 같았다. 그 후에도 물론 모범생까지는 아니었지만 결석을 하지 않았고 말썽을 부리는 일도 현저하게 줄어들었다. 아이는 다음 학년으로 진급했고 졸업장을 땄으며 상급 학교까지 진학했다.

　　몇 년 후 나는 우연히 젤린을 다시 만나서 환담을 나눌 수 있었다. 아이는 대학에서 심리학과 정치학을 전공했고 이제 프리랜서 언론인으로 일하고 있다고 아주 자랑스럽게 전했다. 옛날 스승을 만나는 학생들은 당연히 자기가 성공적으로 살아온 행적에 대해 이야기하기를 좋아한다. 교사들의 인정과 존중은 (때로는 여러 해 뒤에야 이루어지더라도) 그 졸업생이 직업교육이나 대학에서 기울였던 노력에 대한 일종의 보상이기 때문이다. 특히 탄탄대로가 아니라 지그재그로 들쑥날쑥하다가 그 목표에 도달한 학생들은 더욱 그렇다.

한참동안 이야기를 나누면서 젤린으로부터 그 당시 자신이 특이한 행동을 보였던 진짜 사연에 대해서도 들을 수 있었다. 아이는 열네 살 때 어떤 남자가 운영하는 애견 호텔에서 일을 거들었다. 그리고 믿었던 그 사람에게 성폭행을 당했다. 이 사건으로 말미암아 아이는 그때까지의 생활 방식으로부터 철저히 벗어났던 것이다. 한없이 수치스러웠고 죄의식까지 느꼈다. 혼전 성행위와 관련해서 터키 출신 아버지가 품고 있던 명예 관념에 어긋나게 "행동"했다고 생각했기 때문이다.

"저 자신을 호되게 힐난했어요. 갑자기 아무 것에도 마음이 끌리지 않았고, 밤에는 잠도 잘 수 없었죠. 사실 더 살고 싶지도 않았어요. 그래서 학교 따위야 아무래도 상관이 없었던 거죠." 젤린은 당시 행동을 그렇게 설명했다. "선생님들은 제가 느닷없이 성적이 떨어지고 고분고분하지 않게 되자 당연히 이해하실 수 없었죠." 교사는 여러 번 면담을 하고 아이를 다른 반으로 옮기게 했고, 그 다음에는 부모들에게 딸을 레알슐레에서 하우프트슐레로 보내라고 권고했었다.

젤린은 운이 좋았다. 돌이켜 보면 전학은 좋은 결정이었다. 하우프트슐레에서 담임선생님이 아이를 어머니처럼 따사롭게 보살펴 주었기 때문이었고, 새로 들어간 반의 분위기가 좋았기 때문이기도 했다. 여기에서 야스민도 만났고 어느 날 그 아이에게 비밀을 털어놓았다. 이 때문에 마음을 누르던 중압감이 줄어들어 조금 후련해졌다.

계속해서 젤린은 우리 학교로 전학 온 직후 깊은 사랑에 빠졌다고 술회했다. 그러나 부모님은 젤린이 남자 친구를 사귀는 일을 인정하지 않아서, 수단방법을 가리지 않고 그 관계를 방해했다. "그래서 모든 일이 다시 곪아터질 지경이 되었어요. 부모님이 저를 전혀 이해하지 못한다고 느꼈고, 그래서 부모님에게 맞서게 되었죠. 매일 저녁 늦게 귀가하고, 여간해서 잠도 자지 않고, 낮에도 예민해져 있었고 중압감을 느꼈어요. 그래서 어떤 결과가 나타났는지는 선생님도 이미 아시잖아요."

우리는 그 학급협의회에 대해서도 이야기를 나눴다. 아이가 당시 그 상황에 대해 어떻게 느꼈는지를 흥미롭게 들었다. 그 이전에 아이는 불안했고 부모님에 대해 양심의 가책을 느꼈다. 부모님이 이런 유쾌하지 않은 자리에 오시게 만들었기 때문이다. 그러나 그 후에는 사람들이 자기 말에 귀를 기울이고 자기를 이해하고 있고 부모님, 선생님들, 그리고 친구 야스민 등 모두가 앞 다투어 도우려 한다는 걸 느꼈다.

"그 힘든 시기에 야스민은 정말 큰 도움이 되었어요." 젤린은 그렇게 설명했다. "그리고 우리 가족도 여하튼 결국은 잘 이겨냈죠. 그 다음에 어머니와 저는 대화를 많이 나눴어요. 애완견 호텔에서 겪은 일에 대해서도요. 우리는 같이 울었어요. 하지만 기운을 잃지는 않았고 우리 모두가 다시 마음을 가다듬었죠." 어머니는 아이가 어떤 일을 겪었는지 막연히 짐작만 하고 있었노라고 털어놓았다. 다만 딸에게 그런 이야기를 꺼낼 용기가 없었다. 그리고 어머니는 진작 그 이야기를 하지 않은 것이 너무 후회된다고도 말했다.

젤린이 어머니에게 비밀을 털어놓고 아버지도 함께 대화를 나눈 후 그 가족은 심리치료사를 찾아갔다. 심리치료사는 젤린이 그 일을 극복하도록 도움을 주었다. 아이는 자기가 치료를 받으면서 훌쩍 성장했다고 회고했다.

젤린의 예에서는 학교가 개입하고 도울 수 있는 가능성이 한계가 있음을 분명히 알 수 있다. 우리는 기본적으로 젤린 자신과 가족의 잠재력을 활성화시킬 수 있었을 뿐이다. 이것만으로는 모자라다는 사실은, 젤린이 우리 학교로 온 다음 그 병이 "재발"한 데에서도 나타난다. 전문적 심리치료의 도움을 받아야 어린 소녀는 외상을 극복해낼 수 있다.

젤린이 외상적 체험을 이겨내고 인생에 있어 긍정적 변화를 이룰 수 있었다는 사실을 놓고, 그저 운이 좋았던 덕분이라고 섣불리 말할 수도 있겠다. 그러나 여러 가지 심리학 연구들은, 그 어린 소녀가 어떻게 결국 나쁜 길로 내던져지지 않았는지를 조금 더 자세히 생각해볼만한 가치가 있다고 암시한다.

오래 전부터 심리학은 —정확히 말하면 회복탄력성 연구는— 어떤 사람은 유년기 등에 힘겨운 상황에서 외상적 체험을 겪었어도 성공적으로 삶을 영위하는 반면, 어떤 사람은 비슷한 운명을 겪으면서 무너지고 마는 이유에 대해 묻고 궁리했다. 이러한 연구를 통해, 어떤 인성적 특징이 마치 보호막처럼 작용하여 도전을 이겨내도록 돕는다는 사실이 드러났다. 연구자들은 처음에는 이것이 타고난 미덕이라고 어림짐작했지만, 얼마 전부터 연구 방향은 개인적, 가정적, 사회적 요인들이 앞으로 다가올 위기와 부담을 이겨낼 저항력 형성에 결정적 영향을 끼친다는 걸 인식하는 쪽으로 차차 나아가고 있다.

독일 태생의 발달심리학자 에미 워너(Emmy Werner)는 회복탄력성 연구의 창시자이다. 다른 연구자들이 몸과 마음의 위험요인들이 끼치는 부정적 결과를 연구하고 있을 때, 그녀는 불운한 환경에도 불구하고 성공적 삶을 가능하게 하는 보호요인들을 찾아 나섰다. 소재공학에서 유래한 '회복탄력성(Resilienz)'이라는 개념은 특정 소재의 유연성, 신축성, 내구성 등을 말한다.

에미 워너와 미국인 동료 루스 스미스(Ruth Smith)는 1955년부터 40년이 넘게 하와이 군도 카우아이 섬의 아이들 7백여 명을 대상으로 장기적인 연구를 수행했다. 어떤 아이들은 비슷한 상황에서 오래 고통을 받고 성장이 현저하게 저해되는데 반해, 어떤 아이들은 출생 시 문제, 가정 문제, 성폭력 같은 여러 위험 요인에도 불구하고 순조롭게 자랐다. 두 심리학자는 이렇게 순조롭게 성장한 아이들에게 주목했다. 이런 아이들은 학교생활에서 성공적이었고 직업상 목표도 현실적이었으며 사회성이 있어서 사적인 영역과 직업의 영역에서 적응을 잘했다. 심지어 일부는 그런 스트레스를 겪지 않았던 아이들보다 더 잘 적응하기까지 했다. 또 그 아이들은 마흔 살이 되어서 동년배 평균보다 훨씬 건강했다.[12]

이후 계속된 연구를 통해, 회복탄력성이 두드러지게 높아진다고 해서 위기를 예방할 수는 없지만, 개인적 잠재력을 잘 활용하여 어려운 상황을 쉽게 다룬다는 사실도 입증되었다. 에미 워너는 이런 맥락에서 보호요인을 개인적 요인, 가정적 요인, 사회적 요인으로 구분했다. 개인적 보호요인은 이 장기적 연구에 참가한 사람들의 어린 시절에 확인된 특징들이다. 회복탄력성이 높은 아이들은, 두 살 때에 아주 쾌활하고 많이 움직이는데다 언어적으로도 평균 이상으로 활발하며 다른 아이들보다 이런저런 일을 혼자서 잘했다. 열 살 때에는 더욱 총기聰氣가 있고 과제 해결에 대해 높은 관심을 보였다. 젤린의 어머니는 딸이 아주 키우기 쉽고 까다롭지 않은 아이였으며 학교에서는 물론이거니와 어딜 가더라도 8학년까지 아무런 물의도 일으키지 않았다고 말했는데, 바로 이런 인성적 특징 덕분에 젤린은 위기를 극복할 수 있었던 것이다.

성장기에 있는 회복탄력성이 높은 아이들에게서 에미 워너가 관찰했던 특징에는 자신감, 그러니까 어떤 일을 해낼 수 있고 그것을 자랑스러워 한다는 느낌도 있었다. 인생에서 무엇인가를 이루어내고자 하는 젤린의 강인한 의지와 계획을 세우고 실현하는 능력은 바로 여기에 들어맞는다.

다음으로 가정적 보호요인에 대해서는, 가정에서 아이의 이른바 애착인물이 정서적으로 안정된 사람이어서 아이와 긴밀한 결속을 형성하고 유지할 수 있는지를 워너는 보았다. 가정에서 확고한 규칙과 미더운 구조, 그리고 남성적 모범에 의존하는 일은 소년의 회복탄력성에 긍정적 영향을 미친다. 소녀의 회복탄력성은 가정에 아이가 신뢰하는 여성이 독자성을 중시할 때 특히 높았다. 젤린의 인생에서는 물론 성폭력을 당한 이후에 심각한 동요를 겪은 시기가 있었고 이때 부모와의 관계가 흐트러졌으나, 어머니에게 마침내 비밀을 털어놓고 난 후 어머니는 무조건적으로 젤린의 편에 섰다. 우리가 조우했을 때 젤린이 이야기한 것 처럼, 젤린의 가족은 전체적으로 서로 친밀하게 결속되어 있었다. 젤린은 부모님을 사랑했고 아버지의 가치 질서도 어느 정도 받아들였다.

또한 사회적 보호요인을 형성하는 사회적 환경도 젤린에게 보탬이 되었다. 친구 야스민은 어떠한 역경에서도 젤린 곁에 있었고, 젤린이 외상적 체험을 겪은 후 정서적인 지주가 되었다. 그러나 에미 워너의 말을 빌면, 동년배들 외에도 회복탄력성에 중요한 인물들이 있다. 위태로운 시기에 충고와 행동을 통해 아이 편에 서거나 모범이 되는 손위의 지인들도 아동과 청소년의 심리적 저항력을 튼튼하게 해준다.

그렇다면 교사와 부모는 아동과 청소년의 회복탄력성을 촉진하기 위해 무엇을 할 수 있을까? 아이들은 대개의 경우 행복한 상태로 태어난다. 아이들은 젤린의 사례에서처럼 외상적 체험을 통해서나 코르넬리우스의 사례에서처럼 패배와 실패를 겪었을 때 비로소 불행해진다. 거기에다가 부모의 이혼, 낯선 곳으로의 이사 같은 스트레스를 주는 환경이라든지 청소년의 게임중독이나 심한 음주 같은 여타의 부정적인 상황들까지 나타난다면, 아이들은 빗나갈 위험이 있다.

행복한 아이가 행복한 어른이 되려면, 역경에 무력하게 내던져져 있을 게 아니라, 자기 삶을 스스로 움켜쥐고 능동적으로 만들어나갈 능력이 있어야만 한다. 그리고 우리 어른들은 아이들이 그렇게 하게끔 도울 수 있다. 타고난 지구력과 적응력을 강화시킬 전략과 방법을 가르쳐줌으로써 말이다.

가정과 학교에서 강화시킬 중요한 능력 중 하나는 자기 자신을 올바르게 평가하는 능력이다. 나는 스스로를 어떻게 보는가? 다른 사람들은 나에 대해 어떻게 보는가? 자기 스스로를 부정적으로 평가한다면, 타인의 의견에 종속되고 자기가 보기에 더 나은 사람을 시기猜忌하게 된다. 이에 비해 자기를 긍정적으로 평가할 때는 스스로가 가치가 있다고 느끼며 사랑받고 있다고 느낀다. 자기가 사랑받고 인정받고 있다고 느끼는 아이는 실수를 범하거나 나쁜 평가를 받을까봐 겁내지 않는다. 그런 아이들은 스스로 동기를 부여할 수 있고 그래서 다른 사람들보다 더 꾸준히 버텨낸다. 또 무언가 해낼 용기를 지니고, 스스로 능력이 있다고 느끼고, 사람들이 맡기기만 하면 흔쾌히 책임을 떠맡는다.

부모의 무조건적인 사랑과 인정은 아이에게 중요한 보호요인을 형성시킨다. 한편 회복탄력성에는 어떤 사건이 지닌 정서적인 측면을 다시 평가하는 능력, 이른바 불행 중 다행이라는 사실을 발견하는 능력도 들어간다. 이것은 난처한 상황을 그 부분인 여러 측면으로 분해한 다음, 각 측면을 따로따로 평가해야 가능하다. 예를 들어 교사, 부모, 친구 등과 갈등을 겪는다는 건 안타까운 노릇이지만, 거기엔 좋은 구석이라곤 전혀 없는 걸까? 아마 이렇게 대답할 수 있을 것이다. "그래도 용기를 내서 내 의견을 말했어." 아니면, "다행스럽게도 나는 핵심을 찌르는 논리를 펼쳤지, 골을 내면서 방에서 뛰쳐나가는 꼴을 보이지는 않았다구." 혹은, "부모님이 내가 보인 반응 때문에 아주 슬퍼하셨어. 내가 두 분의 마음을 아프게 한 거야. 하지만 우리가 말다툼을 한 다음에 다시 서로를 포용한 건 좋은 일이지."

우리는 아이들이 강인하게 자라고 저항력을 가지도록 돕기 위해, 갈등과 그 스트레스를 건설적으로 극복하는 전략을 가르쳐줄 수 있다. 갈등 극복에 있어서는 앞서 언급한 관점의 변경, 다시 말해 자신을 타인의 처지에 놓고 볼 수 있는 능력이 중요하다. 이를 통해 어떤 일에 대한 그 사람의 시각, 논리, 행위를 잘 헤아리고 갈등의 당사자들이 모두 만족할 만한 해결책을 찾아볼 수 있다. 또한 한 발 떨어져서 갈등을 전체적으로 바라보면서 문제 해결의 새로운 전략을 개발하는 법을 아이들에게 몸소 보여주는 것도 도움이 된다. 어떤 사건에 직접적으로 얽매이지 않고 포괄적인 관점을 가진다면 좀 더 객관적이 될 뿐 아니라 감정적 충격도 줄일 수 있다.

더 나아가 아이들은 서로 협력하는 전략이 이롭다는 사실을, 그리고 갈등 상황에서조차 여러 사람이 함께 승리할 수 있다는 사실을 일찌감치 배워야 한다. 놀이터 모래밭에서 장난감 트럭과 삽을 둘러싸고 벌어지는 시비를 가라앉히려면, 두 아이가 각자의 '보물'을 내놓고 같이 놀 때 비로소 놀이가 더 재미있음을 깨달아야 한다.

아이들의 이러한 학습에는 많은 시간과 끊임없는 연습, 그리고 무엇보다도 성인의 모범이 필요하다. 부모가 이웃과 분쟁이 있을 때, 혹은 고속도로에서 차가 막힐 때 쉴 새 없이 불쾌감을 발산하면서 오직 자기 이익만 관철시키려 한다면, 어린 자식들도 공격적이고 어리석게 행동할 것이다.

아이들이 실망과 언짢은 감정을 건설적으로 다루는 법을 일찌감치 익힌다면, 그리고 자기의 가능성을 발현하는 데 보탬이 되는 내적인 강인함을 자신이 지녔음을 알게 된다면, 행복하고 평화롭고 저항력 있는 인격체가 될 수 있다.

# 셋.
# 내적인 강인함을 찾아서

감정과 몸을 활용하는 학습 방식을
활용할 때 아이들이 그 문제를 더 깊이 이해하고,
대개의 경우 그 해결책도 더 오래 기억한다. 이런
식으로 아이들은 가족, 클럽, 학교 같은 체계들 내에서의
변화를 자기가 극복할 수 있는 일이고 정상적인
일이라고 느끼는 법을 배운다. 언젠가 필요할 때가 와서
그토록 재미있게 했던 그 게임 상황을 기억해낸다면,
아마 도전에 적극 맞설 수 있는 에너지를 얻을 것이다.

# 카이사르와 루비콘 건너기

기원전 49년 1월 7일 로마 원로원은 율리우스 카이사르에게 자기 군대를 해산하라고 명령을 내렸다. 그러나 카이사르는 고작 사흘 후 병사들 앞에서 "알레아 약타 에스트(alea iacta est)", 즉 "주사위는 던져졌다."라고 외치고 병사들과 더불어 국경의 강 루비콘을 건넜다. 분명 쉬운 결정은 아니었고 성급한 결정도 아니었다. 일단 그렇게 한 다음에는 결코 돌이킬 수 없음을 카이사르는 잘 알고 있었기 때문이다. 루비콘 강을 도하渡河한 것은, 무장하고 국경을 넘는 것을 금하던 로마제국에 대한 명백한 선전포고였던 것이다. 그 후 역사의 전개를 보면, 이는 카이사르가 로마를 정복하고 그 후 스페인까지 정복하게 되는 첫 번째 발걸음이었다. 오늘날까지도 "루비콘을 건너다."라는 관용구는 돌이킬 수 없는 중대한 결정을 내리는 의지를 지칭한다.

인간 행동의 동기, 근거, 목표를 연구하는 동기심리학 動機心理學에서는 이 역사적 사건에 빗대어 여러 행동 단계를 다루는 루비콘모델(Rubikonmodell)을 연구한다.[13] 루비콘모델을 발전시킨 심리학자 하인츠 헤크하우젠(Heinz Heckhausen)과 페터 골비처(Peter Gollwitzer)는 인간 행위를 네 단계로 세분했다. 검토, 계획, 행동, 평가가 그것이다. 이 모델에서는 검토 결과 어떤 특정 목표를 확정하는 결정이 내려지는 것을 '루비콘을 건넌다'고 말한다.

헤크하우젠과 골비처에 따르면, 행위의 첫 번째 단계에서는 다수의 잠재적 소망과 꿈 가운데 그 시점에서 실현이 가능하고 중요한 한 가지를 걸러낸다. 코르넬리우스가 슈퍼스타 경연대회에 참석했던 일을 다시 떠올려보자. 처음에 소년에게는 그저 언뜻 보기에 손쉽게 스타가 될 수 있으리라는 매력적 표상만이 있었다. 아마 독일이 찾는 슈퍼스타에 지원할지 말지를 검토하는 단계에서 자신의 성공이 지니는 구체적인 측면들을 모두 눈앞에 그려보고 얼마 동안 그 생생한 이미지에 마음이 끌렸을 것이다. 그런 다음 이 일이 자신에게 어느 정도로 중요한지, 정말 자기가 성공할 수 있을지, 등을 합리적으로 숙고했으리라. 첫 번째 행동 단계를 마무리할 즈음 아이는 지원 결심을 굳혔으며, 이제 커다란 동기를 품고 디터 볼렌이 주재하는 루비콘을 건넌 것이다.

루비콘모델의 두 번째 단계에서는 계획, 즉, 행동의 준비가 이루어진다. 이제 더 이상 무얼 추구할지가 아니라, 이미 설정한 목표에 어떤 수단으로 도달할 것인가가 중요하다. 그래서 특히 희망적인 징조들을 지각한다. 스크린의 스타 배우들이 경쾌하고 우아하다고 느끼고, 자신도 곧 그처럼 성공할 것이라고 기대하는 이 단계에서 아이의 의지는 더욱 굳어진다.

세 번째 단계에서는 구체적으로 행동을 실행한다. 이러한 행동은 지금 추구하는 목표보다 더 중요한 목표가 홀연 등장하지 않는 한 이제 멈추지 않는다. 코르넬리우스가 처음 캐스팅되면서 이 단계가 시작되었다. 이 단계에 있는 아이에게는 학교와 관련된 목표들은 점점 따분해져서 슈퍼스타가 된다는 목표와 경쟁할 수 없었다.

네 번째 단계는 목표를 이루거나 이루지 못한 후에 오며, 행동에 대한 평가가 이루어지는 단계다. 이 단계에서는 기쁨이나 긍지, 혹은 (슈퍼스타까지 이르지 못한 코르넬리우스에게서와 같이) 울분과 실망 같은 감정이 나타난다. 이러한 과정에서는 처음 시작했을 때와 마찬가지로 끝날 때에도 크건 작건 어떤 감정들을 의식하게 된다. 성공할 경우에는 만족감 때문에 새로운 에너지가 활성화되고, 이와 비슷한 행동들에 대해서 긍정적으로 기대하는 태도가 생겨난다. 잘 알려져 있다시피, 학교에서 성적이 좋으면 나쁠 때보다 훨씬 더 의욕을 가지게 된다. 운동경기에서 승리하면 패배 후에 쓰라린 보충훈련을 할 때보다 그 여파는 더 크다. 또 직장에서는 자신의 성공을 인정받는 것이 때로는 임금협약에서 봉급인상에 합의한 것보다 직원의 의욕을 더욱 높이기도 한다.

"대체 왜 이 일을 하는 거지?" 성공을 거두는 시기에는 스스로를 성찰함에 있어서 그런 물음을 던지는 법은 없다. 이럴 때는 추구할 목표와 이를 실현하려는 의욕이 절로 샘솟기 때문이다. 하지만 살다 보면 조금은 불행해지는 시기도 있기 마련이다. 감당키 힘든 질병, 사고, 실직 등의 불행을 겪은 후에 새 출발을 하려면 심적으로 다시 균형을 찾고 충분히 에너지를 모아야 한다. 이를 위해서는 우선 어떤 목표가 노력과 수고를 감수할 가치가 있는지를 찾아내야 한다.

# 의도에서 행위로

나는 하이델베르크 재활병원에서 치료받는 환자들을 위해 전인적全人的 행복감을 높이는 강좌를 개최한 적이 있다. 이 "행복 강좌"는 환자들이 심리적 평정을 다시 찾아 성공과 건강을 극대화하도록 도와주려는 것이었다. 나는 루비콘모델을 밑바탕으로 하고, 첫 번째 검토 단계에서 두 번째 계획 단계로 이행하는 데 중점을 두었다.

재활병원은, 정도의 차이는 있지만, 어느 정도 심각한 건강상 문제가 있는 환자들이 치료 후 인생을 어떻게 살아갈지를 결정해야 하는 곳이다. 나는 여러 가지 연습을 활용하여 루비콘모델의 각 단계에서 환자가 삶의 방식을 긍정적으로 변화시키는 결정을 내리는 데 도움을 주려 했다. 그러니까 이 강좌의 핵심은 꼭 쾌감까지는 아니라고 해도, 심리적이고 신체적이며 사회적으로 평안한 느낌을 만들고 유지하는 것이다. 3주에 걸쳐 총 12시간 동안, 자기 소망을 찾아내고 잠재력을 활성화하며 기대를 일깨우고 특히 장기적으로 실현가능한 목표를 만들어냈다.

강좌 초기에 환자들은 매우 의심스러워했다. 행복감을 배운다는 것이 도대체 가능하기나 한 거야? 그래서 나는 그들이 가능한 한 빨리 좋은 느낌을 가지게 하기 위해 루비콘모델의 네 단계 전에 영순위 단계, 즉 강화 단계를 첨가했다. 이 단계에서는 우선 환자들이 잃었다고 믿고 있는 자기의 힘을 되찾고, 스스로에 대해 긍정적 평가를 내리게 된다. 이를 통해서 기분이 호전되고 정말로 평안한 느낌이 생겨난다. 이러한 긍정적 감정은, 이후 검토 단계에서 자기 목표를 정말로 이룰 수 있다고 주관적으로 느낄 확률을 높여준다.

우선 소규모 역할게임과 여러 연습을 통해 이 그룹의 환자들이 서로 친해지자, 다른 사람이 가졌다고 생각하는 긍정적인 성품이나 능력을 서로 이야기했다. 이 영순위 단계에서 제일 인기 있는 연습 중 하나가 이른바 "온수 샤워"였다. 한 사람이 참가자들 모두에게 등을 돌린 채 앉고, 다른 사람들이 차례로 그 사람의 긍정적 특징을 외치는 것이었다. 효과를 좀 더 지속시키기 위해서, 그 다음 모임에서는 환자들에게 이른바 "장점 용지"를 나눠주었다. A4 크기 마분지 한 장을 환자 등에 붙이면 다른 참가자들이 그 위에 그 사람의 장점을 쓰는 것이다. 마지막에는 너나없이 모두 자기 용지 위에 이런저런 장점들을 가지게 되었고, 그중 제일 마음에 드는 것 세 가지를 고르는 것이다. 그런 다음 병원 직원이 이 세 가지 장점 혹은 능력을 조그만 카드에 기록하고 코팅했다. 그리고 다음번 모임에 이 장점 카드를 각자에게 돌려주었다.

환자들에게 자기 내면의 장점을 자각시키기 위해 간단한 '세우기' 연습도 이용했다. 이른바 체계적 심리치료 기법에서 널리 알려진 '가족 세우기'와는 다소 다르다. 우리는 다만 자기의 특성과 자원에 대한 대표자로 다른 참가자들을 지정하여 이런 특성과 자원을 눈에 보이도록 만들었다. 그리고 소위 "4대 원소 연습"에서는 참가자 한 사람이 방 가운데의 의자에 앉아서, 그 집단 중에서 한 사람씩을 각각 불, 물, 흙, 바람으로 지명한다. 그 다음에 의자에 앉은 사람은 지시를 내려 그 사람들을 자기 주위에 세운다. 그리하여 자기 느낌에 따라 가령 불이 앞에, 바람은 등 뒤에, 물이 왼편에, 흙이 오른편에 선다. 이제 가운데 앉은 사람이 자기의 특징을 하나씩 그 원소들과 결부시켜 말한다. 예를 들어 흙은 안정감, 불은 에너지, 바람은 영감, 물은 힘의 흐름을 상징한다. 참가자들은 그의 연상을 듣고 그 사람에게 이를 다시 한 번 크게 읽어준다. 이렇게 큰 소리로 다시 말하면 그 사람의 원소들이 지닌 장점이 더 또렷하게 인식될 뿐 아니라 정서적으로도 깊이 각인될 수 있다. 이를 통해 자기 인성에 대한 믿음이 두터워지고 자신감이 높아진다.

영순위 단계에서의 연습과 성찰은 환자들이 서로를 굳게 신뢰하게 만든다. 다른 사람과 함께 있는데도 그렇게 편안한 것이 얼마만인지 모르겠다고 말하는 참가자도 있었다.

그 다음 몇 시간 동안 나는 환자들과 더불어 어렴풋한 욕구를 또렷한 표상으로 만들어보는 시도를 했다. 상상력은 무의식으로 들어가 내밀한 소망을 찾아내는 힘이 있다. 그래서 우선 상상력을 동원해 가장 좋아하는 장소로 가는 여행으로 그들을 초대했다. 그 여행이 끝날 즈음에 나는 그 장소와 결부된 소망을 자기 장점 용지 뒤에 크레파스로 그려보라고 부탁했다. 이 연습은 머릿속으로 자신의 소망과 잠재력을 처음으로 연결시켜보는 것이다. 이런 머릿속의 연결을 더 깊고 튼튼하게 만들기 위해 그 다음 자기가 고른 상대와 자기의 소망과 장점에 대해 이야기를 나눈다.

그 다음 시간에는 루비콘 강을 건넌다. 루비콘 건너기의 시작은 장점 용지 뒷면에 그린 소망 그림으로부터 어떤 목표를 구체화한 다음, 그 목표를 말로 표현해 그림 위에 적는 것이다. 언어로 표현되는 목표는 두 가지 기준에 맞아야 한다. 우선 너무 구체적이어서는 안 된다. 가령 "살을 2킬로그램 뺄 거야."처럼 구체적이면 좋지 않다. 그 다음에 무언가를 기피하는 것을 목표로 삼아서는 안 된다. "앞으로 초콜릿은 안 먹을 거야."라든가 "담배 안 피울 거야."같은 표현은 목표로 적당하지 않다. 그 대신 이런 식으로 말할 수 있다. "내 몸이 편안한 느낌이고 건강했으면 좋겠어."

적당한 목표를 찾으면 또 다른 '세우기' 연습이 이루어진다. 우리는 이 연습을 시작하기 전에 1부터 10까지 등급을 바닥에 표시했다. 숫자 10 뒤의 벽이나 칠판에는 한 참가자가 자기 목표를 적은 소망 그림을 걸어놓는다. 그런 다음 이제 그 사람에게 자기가 목표에서 얼마나 떨어져 있는지 생각해보고 그에 맞는 등급 위에 서라고 말한다. 1은 목표에서 아주 멀리 떨어져 있는 것이고 10은 아주 가깝게 있는 것이다. 대부분의 참가자들은 자기가 목표에서 아직 멀리 떨어져 있다고 느끼기 때문에 1에서 5사이에 선다. 이러한 세우기는 당사자에게는 만만치 않은 일이어서 시간이 좀 걸린다. 인식과 감정 사이에 강한 길항抗 작용이 일어나기 때문이다. 참가자들은 때로는 상당히 머뭇거리고 우유부단한 태도를 보인다. 그들 마음속에서는 "내가 어디쯤 서 있을까?", "나는 대관절 어떻게 느끼고 있는 걸까?", "이렇게 앞에 서도 괜찮을까?" 같은 의문이 뱅뱅 돌고 있는 것이다.

　　　루비콘을 건너는 일을 조금 쉽게 만들려고, 그 사람이 어떤 등급에 선 후에 자기 장점 카드에 있는 세 가지 특징마다 각각 대표자를 골라달라고 청한다. 가령 마이어 씨는 끈기를, 뮐러 씨는 친절함을 대표한다. 그 세 명의 대표자들은 해당 참가자 뒤에 줄을 늘어서서 손으로 각각 자기 앞사람을 잡는다. 이제 맨 앞의 환자는 오감을 동원하여 이미 목표에 도달한 상태를 상상해본다. 목표를 이룬다면 주변사람들은 어떻게 반응할 것인가? 자기는 그러면 어떤 색깔, 소리, 냄새를 감각할 것인가? 이런 세우기 연습에 참가한 사람은 도달할 수 있는 어떤 대상으로서 자기 목표가 눈앞에 나타나고, 자기 장점들이 말 그대로 자기 뒤에 서서 받쳐주기 때문에 커다란 기쁨을 느낀다. 이어서 나는 그 사람에게 묻는다. 이제 스스로의 목표에 얼마나 가까이 있다고 느끼지요? 이처럼 구체적으로 목표를 그려본 다음에는 대부분이 적어도 한 발짝 앞으로 나간다. 이렇게 목표에 가까워지는 것을 시각과 느낌으로 체감하면서 스스로도 깜짝 놀라게 된다. 이런 루비콘 체험은 목표에 이르는 일이 얼마나 멋지고 값진지를 느껴보게 하는 것이다.

　　　재활병원 환자들과 이런 연습을 한 이유는, 그들이 설정한 목표에 한걸음씩 다가서려는 동기를 높이기 위함이다. 자기의 장점을 등 뒤에 두고 의식할 수 있다면, 성공할 수 있다는 주관적 믿음도 높아진다. "난 이 일을 이룰 수 있어. 목표로 가는 이 첫 번째 걸음을 통해 그 사실을 느낄 수 있지." 그 밖에도 외부적 보상("이 일을 이루어낸다면, 모두 나를 인정할 거야.")과 내적 보상("목표에 이르면 정말 기분 좋을 거야.")이 지니는 가치 자체도 높아진다. 이 두 가지는 이미 마음먹은 결심을 정말 실행에 옮겨서 성공하는 삶을 향해 한 걸음 내디디려는 의지를 굳게 만든다. 여러 연구에 따르면, 자기 목표가 실현되리라 믿고 자기가 진보하고 있음을 확연히 느끼며 자기 길을 가고자 굳게 마음먹은 사람은 그렇지 못한 사람들보다 행복감을 더 느낀다.

나는 이러한 목표 세우기 연습에 이어 참가자들 모두에게 각자 목표 달성을 위한 구체적인 계획을 세우라고 말한다. 또한 장애물이 나타날 때를 대비해 첫 번째 계획 외에 플랜 B, 즉, 두 번째 계획도 세우게 한다. 머리만이 아니라 느낌으로도 제2의 계획이 필요함을 이해하게 하려고 마지막 연습을 진행했다. 나는 한 참가자에게 통로 끝에다 자신의 목표 그림을 붙여놓고 그쪽을 향해 천천히 다가가라고 했다. 그러나 그 전에 먼저 목표로 가는 길의 양편에 어떤 물건들을 각각 하나씩 세운다. 이 물건 중 하나는 자기 장점을, 다른 하나는 장애물을 상징한다. 이제 아주 느릿느릿 목표에 다가가면서 장점과 장애물을 번갈아 바라본다. 두 눈이 계속 장점과 장애물을 이리저리 왔다 갔다 하면서 마음속에서 장점은 힘을 얻고 장애물은 힘을 잃어간다. 이런 효과를 느끼면 다시 그 다음 장점과 장애물을 지나가면서 마침내 목표에 이를 때까지 이처럼 양쪽을 번갈아 보는 연습을 계속하는 것이다.

재활병원의 강좌에서 우리는 행위 단계들 중 앞부분만을 연습할 수 있다. 다시 말해 대개의 경우 우리는 좋은 의도가 어느 정도 실행으로 옮겨지는지를 추적하지 않는다. 하지만 루비콘을 건너는 것만으로도 결정적 일보를 내디딘 것이다. 침체되었던 자신감은 강화되고, 흐릿한 소망은 구체적인 목표로 바뀌었다. 환자들은 장애물을 이겨내기 위해 필요한 힘을 머리와 가슴으로부터 길어냈다. 그들은 거개가 이 강좌에서 아주 편안함을 느꼈고, 이제 다시 자기 손으로 스스로의 삶을 움켜쥘 수 있다는 반응을 보였다. 이러한 반응은 우리의 행복수업이 학교 바깥에서도 값진 기여를 할 수 있음을 보여주었다. 이는 행복 강좌 전후에 익명으로 이루어진 조사에서도 확인되었다. 이 조사에서는 특히 건강, 우정, 직장 등 인생에서 중요한 부분들과 관련해 느끼는 감정 상태와 만족도를 질문했다. 강좌 이전과 이후에 이루어진 조사를 비교해 보면, 대다수 환자가 강좌를 거치면서 새로운 용기를 얻었고 강좌를 마친 후에는 무력감이 줄었으며 자기 삶의 전반에 걸친 상황을 좀 더 긍정적으로 평가하게 되었음을 알 수 있다.

일부 중환자를 포함해서 재활병원에서 치료를 받는 환자들이 앞으로 살아나가면서 처하게 될 조건은, 물론 대부분의 아이들보다는 훨씬 힘겨울 것이다. 하지만 아이들도 꿈을 확고한 목표로 만들려면 이 환자들과 마찬가지로 우선 자기 장점들을 자각해야 한다.

물론 이러한 말을 행동으로 옮기는 것은 호락호락한 일이 아니다. 아동과 청소년에게 자기 재주나 장점에 대해 직접 물어보면, 대개는 모르겠다거나 당장은 하나도 떠오르지 않는다고 대답한다. 이에 비해 자신의 약점이 뭐냐고 질문하면, 그들 입에서는 종종 자기가 그렇다고 생각하는 약점, 혹은 정말로 그런 약점들이 줄줄 튀어나온다.

가령 게으르다거나 산만하다거나 겁이 많다거나 칠칠치 못하다고 말하는 것이다. 죄다 부모나 교사의 부정적 반응을 통해 획득하고 내면화한 생각들이다.

그럴수록 아이들에게 자기 장점도 깨닫게 해주는 일이 중요하다. 하지만 "너는 할 수 있다니까." 혹은 "너 자신을 한번 믿어 봐." 같은 말로 격려하는 것은 너무 두루뭉술하다. 격려는 구체적일수록 효험이 있다. "암산이 빠르고 정확하잖아. 그러니까 수학 문제도 잘 풀 수 있어." 혹은 "요즘 보니까 페널티킥에서 공을 침착하고 정확하게 차더라. 그러니까 시험 볼 때에도 틀림없이 집중을 잘할 거야." 지금 자기 앞에 주어진 도전과 자기의 장점을 분명하게 연결시킬수록 목표로 가는 길은 더 쉬워 보인다.

어떤 사람의 재능과 장점은 종종 그 자신보다 외부에서 보는 사람의 눈에 더 잘 띈다. 우리는 스스로의 욕구와 경험에 바탕을 두고 자기 모습을 그려낸다. 그러나 이러한 자기 모습은 우리가 외부에 보이는 모습과는 다르다. 심리학에서는 당사자는 못 보지만 다른 사람들은 볼 수 있다고 해서 이것을 "맹점盲點 혹은 사각死角"이라고 부른다. 바로 이 사각 지대에 타인의 도움을 받아야 발견할 수 있는 자기의 능력과 장점이 숨어있다.

그러므로 어린이를 교육할 때는 모든 사람들이 아이의 보배와 같은 잠재력을 캐내어 인격 성장을 극대화하는 데 힘을 모으는 일이 굉장히 중요하다. 그러기 위해서는 우리 아이들의 노력이 낳은 가시적인 결과를 그냥 칭찬하는 것만으로는 부족하다. 아이가 이루어낸 일들을 세밀하게 묘사하고 칭찬할수록 아이에게 더 강렬하게 작용하고 높은 동기를 부여할 수 있다. 예를 들어 아이가 자기 혼자 그린 그림을 보여줄 때 그냥 "잘 그렸다."라고 칭찬하는 것만으론 충분치 않다. 아이의 그림의 모티프와 기법과 관련된 세세한 질문을 무궁무진하게 던질 수 있잖은가. 이런 질문들은 그림을 보는 사람이 그 어린 예술가에게 커다란 관심을 가지고 있다는 걸 또렷하게 보여주면서, 아이가 혼자서 이루어낸 그 일의 가치를 도드라지게 한다. 운동을 할 때나, 혹은 까다롭거나 창의적인 과제를 해결할 때, 예를 들어 아이의 끈기나 인내심을 꼭 집어 강조해 줄 수 있다. 이처럼 자세히 들여다보기만 한다면, 어디에서나 아이의 능력들을 찾아서 강화시켜 줄 수 있다.

최근의 일이다. 어느 열다섯 살 소년에게 오후에 뭘 할 것이냐고 묻자 아이는 이렇게 대답했다. "여동생 돌봐줄 거예요." 그래서 그러면 따분하지 않느냐고 물었다. 그랬더니 "동생을 아주 사랑해요. 그래서 재미있어요."라고 한다. 이런 이타적 태도 혹은 감정이입 능력도 들춰내서 칭찬해 줄 수 있다. 사회적 능력이 뛰어난 것이기 때문이다.

아이가 정말 좋아하는 것이 무엇이고 아이가 왜 그 일을 유독 좋아하는지를 부모와 교사가 샅샅이 캐물어보는 것도 숨겨진 보화를 캐내는 데 도움이 된다. 이는 이미 존재하는 마음속 동기, 그러니까 어떤 일을 자발적으로 한다는 느낌을 강화하기 때문이다. 그 밖에도 이것은 아이가 자기 소망을 이해하고 개인적 장점에 바탕을 두고 세운 목표를 끈질기게 추구하는 데 도움을 준다.

그러므로 아이의 장점들을 찾아내는 데 머물지 않고, 이들을 잘 모아서 아이가 눈으로 볼 수 있도록 만들어주어야 한다. 우리 학교의 행복수업에서 나는 청소년들더러 (재활병원 환자들처럼) 다른 친구의 등에 붙인 종이에다 그 사람의 장점을 쓰라고 청했다. 아이들이 더 흥미진진하게 느끼게 만들려고 장점이 적힌 용지들을 편지봉투에 넣어 집에 가져가도록 했다. 아이들은 집으로 돌아가서야 봉투를 열고 자기에게 제일 중요한 장점을 골라낼 수 있었다.

앞서 거론한 장점 카드 외에도 어린 학생들에게는 보물 상자를 만들게 할 수도 있다. 그 상자 안에 자기 장점들을 챙기는 것이다. 아니면 "장점 나무"가 그려진 A5 용지를 주는 것도 좋다. 나무의 가지에다 자기의 여러 가지 장점을 붙일 수 있다. 이를 명심하기 위해 그 나무를 자기 방에 걸어둘 수도 있다.

가정에서도 이러한 연습이나 이와 비슷한 연습을 해볼 수 있다. 예를 들어 부모는 아이와 더불어 학교 성적을 비롯해 이러저러한 아이의 성과에 대해서 그 원인을 찾아 나선다. 다양한 색깔의 카드 위에 그 성공의 원인들, 가령 우연이나 남의 도움이나 자기 재능 등을 그림이나 개념으로 표현하고 이들을 색깔별로 깔끔하게 구별한다. 그리고 그중 재능과 장점은 조그만 보물 상자에 소중하게 간수할 수도 있고, 아니면 하루 종일 볼 수 있게 벽에 붙일 수도 있다. 우연과 남의 도움은 따로 모으는 조커 카드이다.

어린이의 막연한 꿈들이 구체적인 의도가 되려면, 자기 장점에 대한 믿음 외에도 노력은 할 가치가 있다는 느낌이 필요하다. 그러므로 검토 단계에서는 머리 뿐 아니라 가슴도, 즉 감정들도, 끌어들이는 것이 중요하다. 얼마 전에 나는 오스트리아 그라츠에서 학자들의 지원 하에 6개 학교가 참여하는 〈행복한 학교〉라는 시범 프로젝트 출범식에 참석했다. 어느 그룬트슐레 행복수업을 참관하러 들어갔는데,

선생님은 아이들에게 여러 색깔의 색연필 중에서 행복과 관련되는 색깔을 하나 고르라고 시켰다. 그런 다음 아이들에게 이 색연필로 그림을 그리거나 그저 마음껏 종이 위에 칠하게 했다. 이렇게 하고 나서 그 "작품들"을 교실에 걸고 아이들이 각자 설명하는 전시회로 이어졌다. 여덟 살에서 열 살 사이의 아이들의 설명은 아주 흥미진진하고 시사示唆하는 바가 많았다. 예를 들어 한 아이는 노란색이 온가족이 바닷가에서 보낸 지난번 휴가 때의 햇빛을 뜻한다고 했다. 다른 아이는 녹색을 골랐는데, 그것은 원래 산에 가는 것을 좋아하지 않던 아이가 어느 날 등산을 하면서 보았던 수려한 자연의 색깔이었다. 또 한 아이가 택한 파란색은 자기 가족이 모두 자랑스러워하는 새 차의 색깔이다.

이 수업에서 제일 중요한 일은 행복한 일에 대한 기억을 마음속에서 특정 색깔과 결부시키는 것이다. 그래서 색깔에 대한 기억은 앞으로 아이의 기분을 밝게 해주고 어쩌면 자기의 새로운 목표를 찾는 데 또 다른 동기를 부여할 것이다.

앞서 언급했던 컴퓨터공학과 랜디 포시(Randy Pausch)교수는 죽기 직전 학생들 앞에서 강의를 하면서, 자기 꿈을 실현하는 것이 얼마나 중요한지 역설했다. 그가 〈마지막 강의〉에서 했던 이야기다. 고등학교 시절 자기 머릿속에 맴도는 생각과 꿈을 자기 방 벽에다 그려도 좋겠느냐고 부모님에게 물었다. 잉걸불 같은 갈망이 불꽃놀이처럼 열광으로 터져 나오는 것을 좋아하던 아버지는, 이 특이한 아이디어를 단박에 승낙했고 어머니도 동의하도록 설득했단다. 그리하여 방은 점점 그림과 글과 공식으로 가득 차게 되었는데, 그것들은 소년 랜

디의 갈망과 목표를 형상화하고 그 갈망과 목표와 씨름하고 그 실현을 시도하도록 독려했던 것이다.[14] 글쎄, 방 전체를 꿈으로 장식하는 일이 반드시 필요한지는 모르겠다. 어쩌면 게시판 하나로도 충분할 수 있다. 하지만 어쨌든 이렇듯 시각화하면 애매모호한 갈망이 손에 잡히는 목표가 되도록 하는 데 도움이 된다.

아이가 애착을 지니는 사람들은, 자기들이 늘 아이 뒤에 있다는 느낌을 주어야만 아이의 긍정적인 의도를 강화시킬 수 있다. 내가 재활병원에서 했던 연습에서처럼, "뒤에 있다"는 것은 문자 그대로 받아들일 수도 있다. 회복탄력성을 공부했던 에미 워너의 연구는 어린이의 몸과 마음의 행복감에는 가까운 사람들의 지원이 특히 중요함을 증명하고 있다.

아동이나 청소년과 더불어 목표를 찾아내는 작업에서도, 의도의 실현을 방해하는 장애물들을 마치 게임 하듯이 찾아내는 일은 의미가 있을 수 있다. 아이들의 생각하기에 도움을 주기 위해서 나는 개인적인 예를 들면서 행복수업을 시작하곤 한다. 예컨대 나는 저녁마다 꾸준히 조깅을 하려고 하지만 그러지 못하는 때가 종종 있다. 조깅을 하는 게 좋기도 하고 몸무게를 조금만 빼면 건강에도 좋을 텐데 말이다. 나는 아이들에게 묻는다. 대체 무엇이 나의 조깅을 가로막는 걸까? 대개의 경우 대답은 쏜살같이 튀어나온다. "시간이 없으세요.", "너무 게으르시니까 그렇죠.", "그것보다 더 중요한 일을 하시려는 거겠지요.", "어쩌면 조깅이 선생님에게는 맞지 않을 수도 있어요." 그렇게 하고나면 학생들 자신이 자기의 장애물을 말로 표현하는 일이 훨씬 더 쉬워진다.

그 다음에는 이러한 내적이거나 외적인 장애물을 어떻게 극복할 수 있는지를 보여주어야 한다. 이를 위해서는 아주 구체적으로 그런 장애물들을 치우는 장난스러운 연습이 특히 좋다. 예를 들어 운동용품을 갖다놔도 좋고 장애물을 상징하는 사람이 앞에 서 있어도 좋다.

얼마 전에 내 행복수업을 듣는 학생들에게 가까운 장래에 이루어야 할 제일 중요한 목표를 쪽지에 적어보라고 시켰다. 많은 아이들은 운전면허 시험을 통과하거나 운동경기에서 목표를 이루기를 간절히 원했고, 다른 아이들은 꼭 다음 학년으로 올라가기를 원했다. 그 다음에 나는 목표로 가는 길의 장애물들을 별도 쪽지에 적어보라고 했다.

그 다음에 목표 달성에서의 그 장애물을 몸으로 생생히 느끼게 하려고 학생들을 운동장으로 나가게 했다. 한 아이의 목표가 적힌 쪽지를 달리기 하는 길의 끄트머리를 표시하는 막대에다 고정시켰다. 이제 그 아이의 과제는 막대를 향해 달려가서 자기 목표를 "가져오는 것", 즉 쪽지를 다시 가져오는 것이다. 이 일은 쉽지 않았다. 아이가 적은 장애물들을 상징하는 다른 아이들이 그 길에서 아이를 가로막고 서 있었기 때문이다. 예를 들어 카리나는 게으름을, 잉고는 잦은 컴퓨터 게임으로 인한 집중력 부재를, 카이는 실망에 대한 두려움을 상징했다. 대개의 경우 그런 장애물을 그저 옆으로 밀어내는 것으로는 부족하다. 장애물을 상징하는 아이들이 너무 재미있어 해서, 마치 요새처럼 굳게 버티고 서 있기 때문에 이겨내기 쉽지 않았던 것이다. 그러나 결국 모든 학생들이 젖 먹던 힘을 다하거나 계략을 써서 목표가 적힌 쪽지를 다시 가져오는 데 성공했다.

이 연습은 장애물을 극복하는 것이 얼마나 어려운지, 하지만 그래도 목표를 달성했을 때 만족감이 얼마나 큰지 직관적으로 느끼게 한다. 그 후 이에 대해 평가하면서 아이들은 이런 체험이 실제 장애물, 예를 들어 자기의 허약함 같은 것에 더 강력하게 맞서 싸우도록 용기를 주었다고 입을 모았다.

또한 내가 병원에서 했던 "양쪽 번갈아 보기 연습"도 아이들에게 쏠쏠한 재미를 준다. 아이들은 친구가 상상 속에서 목표를 향해 나아가도록 돕기 위해 그 친구의 잠재력이나 약점의 역할을 맡기를 좋아했다. 목표를 향해 힘껏 나아가면서 두 눈으로 목표와 잠재력을 번갈아 바라보면 정말로 그 목표를 이룰 수 있다고 느끼게 되는 것이다. 그 연습을 한 다음 아이들은, 친구들이 힘이 되었고 이제 목표로 나아가는 길에서 외롭다고 느끼지 않는다고 전했다.

집에서 장애물 역할을 맡을 적당한 사람이 없거나 아무도 그 역할을 하려들지 않으면, 대신 어떤 물건들이 그 구실을 할 수도 있다. 예를 들어볼까. 한 청소년이 꼭 반장 선거에 나가고 싶은데 용기가 없다고 해보자. 아이는 얼마 전에야 가족과 토론하면서 자기가 말하는 능력이 있음을 보여주었다. 아이는 복합적인 사태들의 요점을 정확하게 짚어 말할 수 있었다. 학생들 앞에 나서면 한마디도 못할 거라는 두려움이 '논리적 정확성'이라는 잠재력을 가로막는 장애물이다. 이제 남 앞에 나서는 일에 대한 불안감의 상징으로는 탁상 같은 걸 선택하고, 논리적 정확성의 상징물로는 가령 화살까지 갖춘 팽팽한 활을 고른다. 아이가 넉넉하게 시간을 두고 활부터 시작해서 시선을 오락가락하면서 두 물건을 끈질기게 번갈아 바라본다면 얼마 지나지 않아 그 장애물이 점점 약해지고 잠재력이 점점 강해진다는 감이 온다. 이 연습은 십중팔구 성공한다. 아마 도전에 맞서고 저항을 제거하려는 인간 본연의 충동 때문이리라.

유희적 연습에서든 실제 삶에서든, 목표를 이루기만 하면 보상을 주겠다고 미리 언질을 주는 것도 장애물 극복의 의욕을 높이는 데는 좋다. 그러나 특히 돈 같은 물질적 보상을 비롯한 선물들은 대개의 경우 관념적 보상만큼의 가치는 없다. 대부분 그런 선물보다는, 오래 품었던 꿈을 실현하고 긍지를 느끼거나 인정을 받는 편이 더 강하게 작용한다. 아니, 외부적 보상은 때로는 방해가 되기도 한다. 아이가 계획하고 노력하는 일이 자유 의지에서 나오는 것이 아니라 단지 보상을 얻으려는 수단이라고 느끼게 하기 때문이다. 그러면 이런 느낌 때문에 아이의 기쁨은 목표 달성 의지에 힘을 실어주기보다 도리어 제동을 건다. 무언가 이루기 위해 땀을 흘리는 아이들은 특히 부모가 자기를 자랑스러워하기를 원한다. 또 교사와 코치의 인정과 존중을 원하기도 한다.

구체적 행동 이전의 계획 단계에서는 자기가 한걸음 앞으로 나가는 것을 어떻게 알 수 있는지를 미리 생각해보아야 한다. "목표에 가까워지거나 도달하는 것을, 너나 부모님이나 선생님이 어떻게 알까?" 이런 물음은 아동과 청소년이 구체적 기준을 설정하는 데 도움을 준다. 예를 들어 어린 축구선수가 지방의 유소년대표로 뛰고 싶다는 강렬한 소망을 지니고 있고 이를 자기 목표라고 선언한다면, 이런 물음에 대해 이렇게 대답하리라. "감독님은 제가 열심히 훈련하는 모습을 보면 아실 수 있고, 부모님은 크로스컨트리에서 제 지구력이 나아지는 것을 보면 아실 것이고, 선생님은 제가 어쩌다가 수업을 면제해달라고 청하는 것을 보면 아실 수 있잖아요." 이런 식으로 아이는 어떤 구체적 행동들을 통해서 목표에 다가갈 수 있는지를 깨닫게 된다.

목표로 나아가는 길을 준비할 때 가령 시간 분배와 같은 세밀한 질문들도 염두에 두는 것이 좋다. 특히 학교와 운동경기 양쪽의 목표를 추구하는 어린 운동선수들에게는 계획을 잘 세워야 여러 목표를 하나로 통합할 수 있다. 학교 수업을 소홀히 하면 성적이 떨어지거나 낙제하거나 심지어 퇴학당하는 등의 실패를 경험할 수 있다. 그러면 보통의 경우 스포츠에서의 목표에 대한 동기도 덩달아 약화된다. 이 두 가지 힘든 일 사이에서 균형을 이루지 못하여 결국 두 분야 모두에서 실패하는 운동선수들도 한둘이 아니다.

# 의지, 어떻게 밀고 나가지?

제아무리 의도가 좋아도 아동과 청소년이 그것을 언제나 실제로 행동에 옮기는 것은 아니다. 열일곱 살인 콜리아는 예의바르고 신중한 소년이다. 우리가 조깅을 하다 우연히 만나지 않았더라면, 수많은 우리 학교 학생 중 하나인 그 아이는 아마 내 눈에 전혀 띄지 않았을지도 모른다. 콜리아는 공원 벤치에서 스트레칭을 하고 있었고, 나 역시 생각에 잠긴 채 그 아이 옆에서 근육을 풀기 시작했다. 처음에는 아이가 거기 있는지조차 몰랐는데 그 때 깊은 저음의 목소리가 내 옆에서 들려왔다. "안녕하세요. 프리츠-슈베어트 선생님." 몸을 돌려 바라본 목소리 주인공의 얼굴은 눈에 익어 보였다. 이 아이는 학교에서 인사성을 강조하는 나의 바람을 잘 알고 있는 우리 학생 중 한 명이리라. 내가 답례를 하자 소년이 자기소개를 했다. "저는 콜리아라고 합니다.

다음 주에 어머니와 함께 선생님과 면담을 하러 갈 거예요. 아주 창피한 일이지만, 툭하면 땡땡이를 쳤고 성적도 아주 나빠졌거든요.” 아이의 이러한 자백에 깜짝 놀랐다. 숲에서 그렇게 예의바른 학생을 우연히 만났는데, 아이가 하필이면 수업을 잘 빼먹는 학생이라고 자기소개를 하고는 미안하다는 뜻까지 밝히다니. 그런 말을 들었지만 곧바로 자세한 이야기를 하지는 않았고, 아이와 작별하고 얼마쯤 당혹스러운 마음으로 그 자리를 떠났다.

다음날 학교에 가서 담당 상급과정 주임 선생님에게 전날의 만남에 대해 이야기하면서 그 아이가 어떤 아이인지 대뜸 또렷하게 알게 되었다. 담임선생님은 이제까지 콜리아와 여러 차례 우호적인 대화를 나누어봤지만 아무런 성공도 거두지 못했다. 그래서 내 비서와 이야기해서 나와 아이의 면담을 잡았던 것이다. 아이는 물론 담임선생님과 대화를 나눌 때마다 자신의 태도를 바꾸겠다고 약속했지만, 얼마 지나지 않아 다시 예전과 다름없이 행동했다. 여러 차례 무단결석을 하고 계속 지각을 하고 숙제를 해오는 일은 드물었다.

며칠 후 콜리아는 어머니와 함께 내 사무실에 들어오면서 먼저 불성실한 자기 태도 때문에 이런 상황이 일어나서 죄송하다고 정중히 사과했다. 나는 아이에게 우리한테 미안해할 필요는 없다고 대답했다. 그 아이 자신의 문제가 중요하기 때문이다. 그런 다음 아이에게 상황을 설명해보라고 했다. 콜리아는 학교에 대해 더 이상 흥미가 전혀 없다고 이야기했다. 수업 중에는 시간이 멈춰있는 것 같고 점점 피곤해진다는 것이다. 그러나 집으로 돌아간다고 해도 별다른 특별한 일을 시작할 수 없다. 그저 너무 지치고 좌절해 있기 때문이다. 그렇게 하루하루가 흘러간다. 주말이 되어야 그럭저럭 숨통이 트인다. 금요일에는 대개 친구들을 만나는데 집에 늦게 들어올 때도 많다. 토요일에는 정오까지 자고 나면 축구를 할 의욕까지 생기기도 한다. 하지만 일요일 저녁이면 또 그런 막연하게 울울한 느낌이 다시 드리운다. 그러면 무엇이든 학교 수업과 관계된 것을 해보려고 애를 쓰긴 하는데, 대개는 그러지 못하고 인터넷 서핑이나 채팅을 하거나 친구들과 통화를한다.

아이가 말을 마친 후 나는 물어봤다. 정말 재미있는 게 아무 것도 없니? "예전에는 축구를 좋아했어요. 내년에 지역리그 소속 클럽 1군에서 뛸 수도 있거든요. 하지만 의욕이 없어요. 그러려면 호되게 훈련을 해야 하니까요. 이제 아마 축구를 아예 그만두거나 훈련을 조금만 해도 되는 아담한 클럽으로 옮길지도 모르겠어요."

콜리아 어머니는 이런 일에 대해 어쩔 줄을 모르겠다는 눈치였다. "그렇게 피곤에 늘어져서 빈둥거리면 안 된다고 아이에게 얼마나 자주 간곡하게 이야기하는지 선생님은 잘 모르실거에요. 이제 겨우 열일곱 살이지, 일흔 살은 아니니까요." 콜리아의 건강에 문제가 있느냐는 질문에 어머니는 대답했다. "아니요. 아주 건강해요. 벌써 의사 선생님 세 분이 확인해주셨죠."

이제 아이의 목표가 무엇인지 콜리아에게 물었다. 대답은 대뜸 튀어나왔다. "아비투어 할 거에요."

"어떻게 해야 그렇게 할 수 있을까?"

"이제부터는 공부도 하고 결석도 안 할 거예요. 선생님께 약속 드릴게요." 아이는 이제부터 정말로 제시간에 일어나도록 자명종을 두 개씩 맞춰놓겠다고 덧붙였다. 또 공부 계획을 세밀하게 세우고 투철하게 지키겠다는 것이다. 콜리아는 어머니가 이를 점검해도 좋다고 말했다.

나는 콜리아가 이 모든 것을 지킬지 미심쩍었다. 어쩔 수 없는 상황이니까 그런 약속을 했을 것 아닌가. 이는 대개의 경우 태도를 변화시키기 위해 유리한 조건은 아니다. 그렇지만 나는 일단 경고하는 선에서 그쳤다. 앞으로는 반드시 규칙을 지켜야 한다. 그렇지 않으면 처음에는 정학을, 나중에는 어쩌면 퇴학까지 시킬 수밖에 없다고.

우려했던 것처럼 콜리아의 좋은 의도는 오래 가지 않았다. 몇 주도 지나지 않아 모든 일이 예전으로 돌아가고 말았다. 담임선생님은 아이에게 그런 행동을 하면 어떤 일이 생기는지 일깨워주고, 부모님은 아침마다 아이를 깨우려고 애썼지만 콜리아는 충분한 의욕을 가지지 못하는 듯했다. 나는 콜리아와 그의 어머니랑 재차 대화를 나눈 후 아이에게 일일 정학 처분을 내리고 장래에 대한 결심들을 글로 써오라고 주문했다. 그러나 이러한 징계도, 이젠 정말 태도를 바꾸겠다고 상세하게 글로 써온 아이의 약속도, 또 다시 수포로 돌아갔다.

그러는 동안 콜리아는 열여덟 살이 되어서 혼자서 결석계를 쓸 수 있게 되었다. 그러자 녀석은 더 자주 결석을 하게 되었다. 학교 성적은 이제 재앙에 가까울 만큼 떨어졌다. 무언가 행동에 나서야 했다. 나는 학급협의회를 소집했다. 이제 퇴학 처분을 내려야 하는가의 여부를 토론해야 하고, 이런 토론에는 해당 학생을 가르치는 교사들이 모두 참가해야 하기 때문이다. 퇴학은 매우 포괄적이고 결정적 영향을 미치는 조치이므로, 우리는 콜리아에게 마지막 기회를 주기로 했다.

조금은 이례적인 조치였지만, 아이가 곧 다가올 성령강림절 휴가 1주일 동안 무보수로 우리 학교 수위 아저씨의 조수로 일할 것을 결정한 것이다. 그 후 이 경험을 상세히 서술하는 활동보고서를 제출해야 했다. 콜리아는 일단 크게 타격을 받지 않고 이 상황을 모면하게 된 데 대해 감지덕지하는 마음으로 이 제의를 수락했다.

몇 년 전부터 우리 학교에서는 학생들이 가령 지각을 밥 먹듯이 하거나 수업에 계속 훼방을 놓을 때에, 방과 후 학교에 남으라고 하는 일반적 징계 대신에 수위 아저씨 밑에서 작업봉사를 하도록 시켜왔다. 물론 학생이나 부모에 따라서는 이런 조처가 법률적으로 정당한지 고개를 갸우뚱하고 이런 노동을 거부하겠다고 할 수도 있을 것이다. 하지만 정작 이런 절차는 우리 학교에서는 아무런 마찰 없이 굳어졌고, 방과 후 학교에 남기는 그 지루한 제재 조치보다 훨씬 효과적임이 분명히 드러났다.

학생들이 어떤 태도를 바꾸려면 무언가 결정적 체험이 필요한데, 아마도 우리 학교 수위의 건전한 상식과 실용적이고 담백한 사고 방식이 바로 그런 체험에 기여했으리라. 개인적 카리스마와 자연스러운 권위가 아동과 청소년에게 설득력 있게 작용하는 사람들, 세련된 교육적 방침이 없더라도 양육과 교육을 잘 하는 사람들이 있다. 만일 그렇지 않다면, 굳이 "부모 면허증"으로 양육 및 교육 자격을 부여해야 할 테고, 그러려면 현재 수백만 명의 부모에게서 일단 교육 자격을 박탈해야 하지 않겠는가. 또 직장에서 견습생에게 일을 가르치는 사람, 운동부 코치, 그리고 교회와 사회의 수많은 자원봉사자들도 별도의 교육학 과목을 이수하지 않으면 더 이상 사람들을 지도하고 이끌 수가 없지 않겠는가.

　　물론 콜리아 같은 아이를 아무에게나 맡길 수는 없다. 하지만 우리 학교 수위는 우리 학교를 활기차게 해주고 솔직하고 수수한 태도로, 그리고 무엇보다도 선의를 가지고 학생들을 대하기 때문에 우리는 그를 더할 나위 없이 신뢰했다. 그리고 아이들은 그를 너무 좋아한다. 그는 아이들에게 충고와 위로를 해주고 실패하는 아이에겐 다시 일어서도록 용기를 북돋운다. 우리 지역의 어느 레슬링 팀에서 운동을 했으며 청소년 코치로도 활동했던 그의 경험이 이런 점에서 큰 도움이 되었다.

　　방학이 끝날 무렵 학교로 돌아온 교감 선생님과 나는 이 새 '수위 팀'과 마주쳤는데, 이들은 아주 유쾌한 상태였다. 분명 이 두 사람이 함께 일을 하도록 한 조치는 대성공을 거둔 것이다. 이에 대해 묻자 수위는 아주 흡족한 어조로 콜리아가 한 일에 대해 전했다. 소년은 언제나 정해진 시각에 왔고 일도 열심히 잘 했다는 것이다. 또한 두 사람은 몇 차례 정말 좋은 대화를 나누었단다. 나는 콜리아에게 그동안 어떻게 지냈느냐고 물었다. 아이는 수위 아저씨에 대해, 그리고 그가 하는 일에 대해 침이 마르도록 칭찬했다. 아이는 그 일이 정말 재미있었고 아비투어를 마치고 실용적인 직업을 배울 궁리를 해보겠다고 말했다. 늘 피로하고 의욕을 상실했던 상태는 그대로냐고 묻자 이렇게 대답했다. "아니요. 일을 시작하고 이틀 만에 벌써 아침에 일어나고 이리로 오는 게 전혀 어렵지 않았어요."

　　나는 콜리아더러 수위 아저씨와 보낸 한 주일이 어땠는지 좀 더 자세히 이야기해달라고 부탁했다. "처음에는, 뭐, 그다지 별다른 게 없었어요." 아이는 그렇게 말했다. "또 엉덩이를 꼼짝도 하지 않으면 학교에서 쫓겨날 거라고 걱정만 했죠." 하지만 이런 걱정은 곧 사그라졌고, 아이는 심지어 부푼 마음으로 다음날을 기다리기 시작했다. 수위는 아이에 대해서나 아이의 약점에 대해서나 이해심이 아주 많았고, 자기 자신에 대해서나 예전의 힘들었던 시절에 대해서도 이야기해주었다. 또 그들은 예를 들어 콜리아가 처음에 비질도 제대로 못했던 일을 두고 신나게 웃어젖히는 일도 많았다. "빗자루로 바닥을 쓰는 일조차 특별한 기술이 필요하다는 걸 몰랐어요. 처음에는 자루를 부러뜨릴 뻔했다니까요. 하지만 그 다음에는 이 일을 야무지게 해내려고 공을 들였죠."

계속해서 콜리아는 설명했다. 수위 아저씨와 함께 일을 하면서 이상하게도 지루한 게 사라졌고 더 이상 피로하지도 않게 되더라고. 게다가 정말로 자기가 쓸모 있는 사람이라고도 느꼈단다. 수위 아저씨 혼자서는 그 큰 책상들을 교실에서 꺼냈다가 다시 집어넣는 일을 못했으리라는 것이다.

이런 콜리아의 서술로부터 긍정 심리학에서 이야기하는 것들이 하나하나 검증된다. 그 이론에 따르면, 무언가 뜻있는 일을 하고 있으며, 자기가 쓸모 있다는 느낌은 행위자의 의욕과 행복감을 상승시킨다. 그 뿐 아니라 자기 일을 잘하고 싶다는 소망도, 그 행위를 재미있는 걸로 느끼게 만들고 성공의 가능성도 높여준다. 그렇게 되면 이것은 역으로 그 행위를 계속하고 반복하고 싶은 내적 소망을 강하게 만드는 것이다.

마치 달인처럼 어떤 행위를 자유자재로 하면서 거기에 집중하여 세심하게 수행한다면, 심리학자 미하이 칙센트미하이(Mihaly Csíkszentmihályi)가 표현한대로 시간과 자기를 송두리째 잊어버리는 일종의 '몰입 체험'을 하게 된다. 이때 느껴지는 합일감은 자신의 잠재력을 활성화하는 또 다른 자극이 된다. 이를테면 축구선수는 경기 중에 이른바 '경기 몰입' 혹은 '경기 도취'에 빠져 든다. 하지만 지적 활동에서도 몰입 체험을 한다. 칙센트미하이는 가령 깊이 집중한 상태로 경기에 침잠하여 몰입 상태에 빠져드는 체스 선수들을 예로 들기도 한다.

또한 학생이 수학 문제를 풀 때 집중하여 몰아沒我 상태에 빠져들고 그 매혹 때문에 계산하기를 그칠 수 없는 상태도 생각해볼 수 있다. 그러려면 물론 그 문제가 진정한 도전이 되도록 만들어져야 한다. 다시 말해 그 학생에게 너무 쉽거나 너무 어렵지 않아야 한다. 문제가 너무 어려워 풀지 못할 것처럼 보이면 불안이 생겨나 몰입을 가로막는다. 반대로 문제가 너무 쉬우면 학생은 따분하고 심드렁해진다. 그러면 그 행위는 편치 않게 느껴지고 이를 반복하는 대신 회피하게 된다.

몰입 효과가 나타날지의 여부는 행위자가 어떤 지위에 있는지, 혹은 보통 그 행위가 얼마나 가치가 있다고 평가되는지에 달린 것이 아니다. 콜리아가 수위 아저씨에게서 빗자루로 청소를 잘하는 법을 배우고 이 '간단한' 활동을 용의주도하게 수행하는 데 재미를 느낄 때, 행위자의 지위나 행위에 대한 가치평가는 이러한 몰입 체험을 막을 수 없다.

내가 콜리아의 '작업 봉사' 후 얼마 지나지 않아 신문에서 스위스 민족학자 카나리나 차우크(Katharina Zaugg)의 글을 읽었을 때 빙그레 웃음을 짓지 않을 수가 없었다. 청소를 좋아하던 그녀는 마침내 이 일을 업으로 삼았고 어떻게 청소를 할 때 몰입 효과가 나타나는지에 대한 일련의 세미나까지 열었다. 카타리나 차우크는 청소를 철저하게 하고 나아가 환경 친화적이고 자재를 절감하는 청소 세제를 사용할 때 청소하는 사람에게 내적 합일과 평안과 건강이 나타난다고 확신한다.[15]

콜리아와 우리의 수위 아저씨가 그렇게 함께 일하며 시간을 보낸 후 두 사람 사이에는 우정이라고 부를 수 있는 것이 생겼다. 콜리아는 자기 '멘토'와의 만남을 좋아했다. 두 사람은 쉬는 시간이면 심심치 않게 함께 있으면서 진지한 정담을 나누었다. 그 후 콜리아는 결석을 하지 않았고 시간이 흐르면서 성적도 점차 나아졌다. 그 다음 학년이 되어 아이는 정말로 아비투어를 잘 보았다.

이 학생의 예를 보면, 언뜻 보기에 가능성이 없어 보여도 변화는 충분히 가능하다는 사실과 우리가 이에 대해 믿음을 잃어서는 안 된다는 사실을 알 수 있다. 우리가 우리의 아이들에게 신뢰를 보낸다면, 이는 그들의 자신감이 샘솟는 가장 중요한 원천이 되고 자기 앞의 과제를 제 힘으로 해결할 수 있다는 믿음을 두텁게 한다.

또한 콜리아의 이야기는 청소년들이 방향설정과 지지대를 필요로 한다는 사실을 가르쳐준다. 나아가 여기에는 (대중매체의 화려한 인물들이 아니라) 진정한 본보기 구실을 하고 아이들이 자기 가능성과 능력을 현실적으로 가늠할 수 있게 도와줄 주변 인물들이 가장 적임자라는 것도 알 수 있다. 무엇보다도 꼰대처럼 굴지 않으면서도 보람 있는 행위의 유익한 점들을 아이들에게 전해줄 사람이 필요하다.

　　콜리아는 육체노동을 하면서 우리의 수위 아저씨와 진솔한 대화를 나눔으로써 분명 깊은 감명을 받았다. 그러니까 소년의 기분을 변화시킨 것은 무아지경의 쓰레질 때문만은 아니었으리라. 자기를 이해하고 존중하며 학교생활을 계속하도록 격려하는 사람과 만난 게 이러한 변화의 주된 요인이었던 것이다.

　　그러나 이 외에 콜리아에게 또 무슨 일이 일어났을까? 콜리아에게는 의도와 실행 사이에, 즉, 결석과 지각을 하지 않겠다는 의도와 정말 제때 일어나 학교로 오는 일 사이에, 일종의 넘을 수 없는 걸림돌이 있었다. 독일 오스나브뤼크 대학의 성격심리학자 율리우스 쿨(Julius Kuhl)이라면, 콜리아에게 의도를 저장하는 내부기억과 경험을 정서적으로 저장하는 외부기억이 공조共助하는 데 문제가 있었다고 말하리라. 달리 말하면 '계획자'인 콜리아는 지시를 내리지만 '행위자' 콜리아가 이를 수행하기를 거부한다는 얘기다. 아마 아이에게는 학교와 관련해 긍정적 정서가 없었을 것이고, 행동을 위해 꼭 필요한 내적 태도, 가령 "정말 내 태도를 바꿀 거야. 지금 당장."이라는 신념이 없었을 것이다.

　　계획과 수행의 조화로운 공조를 위해서는 이 밖에도 에너지가 필요하다. 이러한 에너지가 준비되어 있는지의 여부는 주로 우리의 기분과 느낌에 달려있다. 그러니까 스트레스, 불안, 슬픔, 의욕 상실은 에너지가 흐르는 것을 저해하기 때문에 의도를 실행에 옮기는 일을 가로막는다. 콜리아의 사례가 보여주듯이, 이 경우 학업과 관련된 목표들을 자기의 목표로 여기지 않는다거나, 예를 들어 가정의 스트레스,

여자 친구와의 헤어짐, 실패에 대한 두려움 등 다른 저해 요소가 있을 수도 있다.

콜리아에게 에너지가 결핍되고 기분이 흐려지는 이유가 정확히 무엇이었는지는 모르지만, 그 아이 또래의 많은 아이들이 이와 같은 '의미의 위기'에 시달리고 있다는 것만큼은 확실하다. 오스트리아의 신경학자이자 심리학자인 빅터 프랑클(Viktor Frankl)은 이미 20세기 중반에 이것을 "실존적 진공 상태(existentiellen Vakuum)"라고 표현한 바 있다. 이 말은 삶의 내용이 결핍되는 것을 뜻하는데, 점점 더 많은 사람들이 이로 인한 지루함, 절망감, 내적 공허감에 젖어들고 있다. 프랑클은 이것이 동물에게는 무엇을 해야 할지 말해주는 본능이 있지만 사람에게는 그런 본능이 없기 때문이라고 보았다. 다른 한편 그는 우리를 받쳐주던 전통이 현대 사회에서 사라지고 있는 것을 또 다른 이유로 보았다. 이제 우리 모두는 삶에 있어서의 의미를 각자 삶의 구체적인 상황 속에서 발견해내야 한다.

의미를 잃어버리고 자기가 뭘 원하는지도 모르는 청소년들은, 종종 공격적으로 행동하거나 어떤 것에 중독되거나 마음의 마비 상태에 빠진다. 우리 어른들은 아동과 청소년이 의미를 탐색할 수 있도록 방향을 제시해주어야 한다. 그러기 위해서는 삶을 매혹적으로 만드는 경험을 하게 해주고, 자기가 지닌 가능성을 깨닫고 캐낼 수 있도록 도와주어야 한다.

콜리아는 일주일 동안에 용기를 되찾을 수 있었다. 기분을 밝게 하고 의도와 실행의 관계를 활성화할 수 있었다. 짧은 시간 동안 다른 세계에 잠겨들었고 수위 아저씨의 도움으로 삶의 다양한 측면이 지니는 기쁨을 재발견했다. 또한 심도 있는 대화와 육체노동을 통해 제힘으로 의미를 찾아냈으리라. 자기 행동이 성공한다고 느꼈고 이에 대해 수위 아저씨로부터 반응을 얻기도 했다. 홀연 학교는 피해 다닐 장소가 아니라, 결속을 느낄 수 있는 장소가 되었다.

물론 긍정적 사고와 낙관주의가 만병통치약은 아니다. 하지만 기본 태도가 낙천적이라면 단순한 의도를 실행하는 데 정말로 도움을 준다. 쓰레기통의 "감사합니다."라는 말 옆에 스마일 표시를 하나 그려 넣으면 때로는 별 생각 없이 길거리에 쓰레기를 버리지 않게 할 수 있다. 그러나 학교를 졸업하거나 직업을 배우는 것과 같은 좀 더 복잡한 의도에 있어서는, 목표를 향해 가는 기나긴 여정에서 실망을 견뎌내고 실패를 이겨내며 의욕 상실 상태를 극복할 능력도 지니고 있어야 한다.

자기감정을 통제할 능력이 있는 사람은, 다시 말해 분노와 불안을 길들이거나 비겁함을 극복할 수 있는 사람은, 긴 안목으로 봐서 자기 목표를 실현할 수 있다. 또한 그는 무얼 원하고 무얼 원하지 않는지 다른 사람들보다 더 잘 알고, 자기 자신 및 주변과 한데 어우러져 조화 속에 살아간다.

# 신체와 정신과 영혼의 트레이닝

자기감정과 기분을 통제하고 스스로 동기를 부여하고 힘들 때에도 평정을 유지하는 데는 강인한 성격이 필요하다. 어린이는 강인하고 책임감 있는 인격체가 되기 위해 삶의 모든 영역에서 전인적 인간상에 기반을 둔 지원을 받아야 한다.

예로부터 인간은 신체와 정신과 영혼의 통일체로 여겨졌다. 전해오는 바에 의하면 그리스 철학자들은 금욕을 통해 감정을 제어하는 법을 배웠다. 하지만 이러한 실천은 고통과 결핍을 특징으로 하는 중세의 고행과는 크게 상관이 없다. '금욕(Askese)'의 어원인 고대 그리스어 '아스케시스(askesis)'는 훈련을 뜻한다. 오늘날의 철학이 대개 이론적 지식의 획득을 목표로 하는 사유 훈련이라고 한다면, 고대 철학자들, 이를테면 스토아 철학자인 아리스톤은 지식 획득과 실천적 훈련이 동전의 양면이라고 확신했다. 특히 에피쿠로스학파가 운영한 본격적인 '행복 학교'에서 학생들은 여러 가지 자연적 현상, 특히 죽음, 고통, 혹은 그치지 않는 욕망 등에 대한 두려움을 극복하는 법을 배웠을뿐더러, 자기 약점을 바로 인식하고 거기에 대처하는 법도 배웠다. 그리하여 학생들은 상상력을 사용해 자기의 모범인 에피쿠로스의 역할을 맡는 법을 훈련했는데, 이는 소박하고 금욕적인 삶의 영위 같은 에피쿠로스의 행동규범을 받아들이기 위함이었다. 소박한 것들에 익숙해진다는 것은 그런 것들을 손쉽게 얻을 수 있고 그래서 언제 어디서나 행복한 삶이 가능하다는 장점을 지닌다. 에피쿠로스가 했던 말이다.

치열한 경쟁과 과학기술이 주도하는 오늘날의 세계에서 대부분의 인성人性 훈련은 미덕을 가진 성품을 형성하는 것보다는 능력과 행동 의지를 강화하는 데 중점을 둔다. 그리하여 스포츠 심리학에 따르는 훈련 과정은 우선 무엇보다도 운동선수에게 저장된 힘들을 활성화하려는 것이다. 이런 훈련들은 성격 상의 장점들, 이른바 '멘털 스킬(mental skills)'을 형성해야 하는데, 이것이 스포츠의 경쟁에서 승리하게 만드는 유리한 조건이기 때문이다.

널리 알려진 스포츠 심리학적 훈련 과정에는 집중력 훈련과 의식적 호흡 같은 훈련이 있지만, 이 밖에도 경기 후 회복을 촉진하기 위한 이완弛緩 기술도 있다. 또한 운동 전후와 운동 중에 자기 생각을 제어하는 능력도 훈련한다. 예를 들어 의도적으로 혼잣말을 해서 자기 암시를 거는 것이 그런 훈련이다. '내면의 목소리'는 결정적인 순간에 의욕을 부여하며 마음을 가라앉히기도 한다. 1990년 월드컵 결승전에서 독일의 안드레아스 브레메(Andreas Brehme)가 페널티킥을 찰 때 그 과제에 집중하지 못했다면 어떤 일이 일어났겠는가? 그가 "잘못 차지만 말자! 수백만 명의 눈이 나를 보고 있다! 잘못 차지만 말자!"라고 중얼거렸다면 공은 아마 골대에서 벗어났을 것이다. 아니, 그게 아니라, 그는 이렇게 말했다. "침착해! 차는 데에만 집중해!" 그렇게 공을 찼기에 공은 아르헨티나 골대로 들어갔고 독일은 우승을 차지했다.

독백獨白 전략을 사용하는 데에는 기본적으로 선수들이 운동경기에서 성공을 거두는 순간에 자기가 무엇을 생각했었는지를 찾아내는 것이 중요하다. 그 다음에는 이러한 긍정적인 생각들을 어록 같은 형태로 성공적 상황에다 결부시킨다. 그리하여 필요한 때가 되면 이러한 어록을 머릿속으로나 입 밖에 내서 말하는 것이 성공의 확률을 높이는 것이다.

얼마 전부터 경기스포츠의 멘털 트레이닝은 과거나 미래의 행동이나 사건을 떠올리는 능력과도 관련을 맺고 있다. 움직임 과정을 머릿속에서 완벽히 떠올려본다면, 이후 실제로 그것을 수행할 때 이 과정을 최적화할 수 있다. 예를 들어 독일 체조 선수 파비안 함뷔헨(Fabian Hambüchen)이 그 경이로운 철봉 연기를 경기가 시작하기 오래전부터 하나하나 머릿속에서 미리 그려보고 개선하지 않았더라면, 그토록 복잡다단한 과정을 그토록 정확하게 수행하는 일은 좀체 불가능했으리라.

이런 방법들을 사용하면 "연습할 땐 세계챔피언, 실전에선 꼴찌"인 선수들도 정신력을 통해 승리를 쉽게 일구는 선수로 탈바꿈한다. 이러한 방법의 성과는 분명하게 측정할 수 있고, 이처럼 가시적 성과를 보여줌에 따라 이러한 과정은 스포츠 외의 분야에서도 활용된다. 가령 의학계에서는 고난도 수술을 최적화하기 위해서, 항공계에서는 위기 상황 극복을 위해서 이를 사용한다. 미국의 민항기 기장 체슬리 설린버거(Chesley Sullenberger)는 2009년 조난 비행기를 허드슨강에 비상 착륙시키는 데 성공했다. 전직 전투기 조종사이자 조종사 교관이며 항공사고 조사 전문가이기도 했던 그는 위기상황에 대한 준비가 매우 잘 되어 있었기에 남다른 침착성을 보이며 그 상황을 극복했다. 쉰일곱 살의 이 남자는 이후 인터뷰에서 이렇게 말했다. "지금까지의 제 삶 전체가 이런저런 방식으로 이 특별한 순간을 준비해온 것이라고 생각합니다." 이륙 직후 동력장치가 멈추자 그는 이 과제를 극복해야 함을 알았다. "제가 받아온 훈련을 응용하고 평온을 유지하도록 애를 썼습니다."[16]

내가 전인적 행복감을 높이는 강좌를 지도했던 하이델베르크의 쾨니히슈툴 재활병원 원장은, 그 병원의 호흡기 환자들이 멘털 트레이닝에 참가한 이후로는 거기 참가하지 않은 환자들에 비해 훨씬 건강이 좋아졌다고 알려줬다. 달리기 훈련을 하는 영상을 보면서 자기가 이 훈련에 참가하고 있는 모습을 의식적으로 떠올림으로써 폐 기능을 제어하는 뇌 영역을 활성화할 수 있었단다. 이러한 멘털 트레이닝 후 환자들은 신체적인 재활 훈련을 더욱 의욕적으로 수행했을 뿐 아니라 그 결과에 있어서도 비교 집단에 비해 더 나은 수치를 보였다.

멘털 트레이닝이 다양한 분야에서 긍정적 효과를 보여주고 있지만, 특히 스포츠에서는 경기력 상승 자체만을 목표로 삼기보다 당사자의 전체적 행복감을 늘 염두에 두어야 한다. 스포츠 측면의 목표를 달성하기 위해 여타의 모든 측면을 무시하고 몸과 마음이 지닌 한계를 계획적으로 넘어서려 한다면 결코 도움이 되지 않는다. 수많은 운동선수들이 처음에는 활활 타오르는 열정을 품고 있지만 나중에는 몸과 마음이 너무 지쳐 탈진(burn-out) 증후군까지 나타난다. 이런 탈진 현상은 흔히 심신상관적 질병, 우울증, 과도한 중독 위험, 자살 위험 등으로 이어진다. 그러므로 인성 훈련은 고대에 이미 요구했던 것처럼, 신체와 정신과 영혼의 통일을 겨냥해야 한다.

멘털 코치들이 성적만 추구하는 훈련을 진행할 때는, 또 다른 위험들이 도사리고 있다. 특히 프로 스포츠에서는 성공하면 얻을 수 있는 금전적 보상이 유혹적인데, 이 때문에 인생에서 중요한 게 무엇인지를 보는 시각을 흐릴 수 있다. 독일 분데스리가의 헤르타 베를린 팀에서 뛰던 축구선수 케빈 프린스 보아텡(Kevin-Prince Boateng)은 2007년 약관의 나이에 790만 유로를 받고 잉글랜드 프리미어리그의 토트넘으로 이적했다. 하지만 그는 인터뷰에서 새 팀 감독이 자기가 거의 언제나 벤치만 데우도록 했기에 자기 삶 자체가 엉뚱한 방향으로 흘러갔다고 말했다. 이루 말할 수 없이 실망했고 오전 훈련에 참가할 의욕도 잃었으며 온갖 오락거리를 찾아 헤맸다. "이런 실망 때문에 난 심각한 쇼핑 중독에 빠졌다. 하루 만에 람보르기니와 허머와 캐딜락을 사들였다. 누구보다도 멋들어진 옷을 입는 게 중요했다. 그리고 나이트클럽에서 유명해지는 것도. 밤마다 흥청대며 어마어마한 돈을 탕진했다. 하지만 그 무엇도 날 행복하게 만들어주지 못했다. 나는 망가졌다. 다른 세계에서."

당시 보아텡은 자기 삶의 의미가 사라졌음을 깨달아야 했고 자신에게 고언을 하고 미몽에서 깨어나게 해줄 누군가가 있어야 했던 게 아닐까. "제 곁에는 아무도 없었어요." **17**

나는 몇 년 전부터 TSG 1899 호펜하임이란 축구클럽의 유소년 팀에서 스포츠심리학 상담을 맡고 있다. 이 팀의 전인적 교육철학은 학교와 직업교육과 클럽이 통일체를 이룬다는 생각에 바탕을 두고 어린 선수들이 올바르게 사는 능력을 갖추게 하려는 것이다.

그래서 이 팀의 어린 선수들은 경기력 향상을 위한 일반적인 훈련 외에도 나한테서 특별한 "행복훈련"을 받는다. 이 훈련에서 아이들은 자기의 행복이 어떤 요인에 달려있는지에 대해, 그리고 추구할만한 목표와 가치들의 질서를 자기 책임 하에 세워야 한다는 사실에 대해, 체험하고 성찰한다. 이 훈련에서 이루어지는 핵심적 체험들은 아이들이 자기 인격을 도야하고 스포츠 외의 분야에서도 잠재력을 발휘하도록 도와준다. 집단 안에서 재미있는 연습을 하면서 그때까지 모르던 자신의 특성과 장점을 찾아낸다.

이런 훈련에서는 물론 멘털 트레이닝을 통해서 스포츠와 관련된 잠재력을 발굴하고 개선하는 일도 소홀히 할 수 없다. 그래서 나는 아이들더러 예를 들어 자기 재능과 능력을 비유를 들어 말해보라고 시켜본다. 그러면 필요할 때 곧바로 머릿속에 떠올릴 수 있기 때문이다. 때때로 중요한 시합을 앞두고 있을 때면 시합을 하기 훨씬 전부터 이 어린 선수들은 자기를 어떤 동물에 비유한다. 그러면 다른 아이들은 그 아이와 동물이 공유하는 특별한 능력을 언급하면서 그 아이 자신이 그려내는 이미지를 보충해주는 것이다. 이것만으로도 아이들에게는 재미가 쏠쏠하다. 그리하여 우리는 금방 화려하고 멋진 '동물 풍경화'

를 만들어냈다. 여기에는 잽싼 토끼, 발을 쿵쿵 구르는 힘센 코끼리, 상대 옆을 휙 지나갈 수 있는 뱀, 상대를 혼란에 빠뜨리는 활달한 원숭이 등이 있었다. 우리의 이 동물 부대는 상대팀을 얼마나 경악에 빠뜨렸던지, 이름만 대면 알만한 이 분데스리가 유소년 팀을 상대로 우리가 7:0으로 대승을 거두었다.

이 뿐이 아니다. 아이들이 지닌 다채로운 가능성을 더욱 확장하고 아이들이 의미를 찾는 일을 돕기 위해서, 나는 운동경기에 있어서 목표만이 중요한 게 아니란 사실을 깨닫게 하려고 애썼다. 한 번은 U14 팀 선수들, 즉 열네 살이 안 된 아이들에게 그림을 그리게 했다. 잠깐 상상의 나래를 편 후에 아이들은 자기의 제일 큰 소망을 크레파스로 그렸다. 그 결과를 보았을 때 나는 깜짝 놀랐다. 절반 이상이 으리으리한 스포츠카를 그렸다. 나는 생각했다. 참, 전형적이로군. 이 녀석들의 소망은 십중팔구 스포츠카를 몰고 그 조용한 동네를 소란스럽게 오가는 프로선수들에게서 베껴온 것이겠지. 그래도 나는 쓰다 달다 말을 하지 않고 아이들의 소망이 그려진 그림들을 문에 붙이고 바닥에는 1부터 10까지 등급을 표시했다. 이제 어린 선수들더러 현재 그 목표에서 자기가 얼마나 떨어져 있다고 느끼는지 생각해보고 거기 맞는 숫자 위에 서라고 시켰다. 거의 모두 1에 섰다. 그 나이에는 당연히 그럴 돈도 없고 면허증도 없으니까 목표에서 멀리 떨어져 있는 것이지. 값비싼 스포츠카가 왜 좋으냐고 묻자 아이들은 설명했다. "그러면 여자애들이 좋아하니까요." 혹은 "그런 차가 있으면, 내가 성공했고 부자라는 뜻이니까요."

다음 번 모임에서 나는 어린 축구선수들에게 예를 들어 부자라는 목표 뒤에 어떤 것이 숨어있는지를 자각시키려고 했다. 이를 위해 나는 마루 위에 쪽지들을 흩어 놓았는데, 거기에는 인정받기, 공동체, 재미, 능력, 기쁨, 소속감, 만족감 같은 다양한 가치들이 적혀 있었다. 그리고 아이들의 소망과 이 가치들 간에 어떤 관계가 있는지 물었다. 아이들은 이 말을 이해하는 데에도 오래 걸렸고 그에 대한 대답을 생각해내는 것도 힘겨워 보였다. 마침내 이런 대답이 돌아왔다. "이런 걸 목표로 하면 모든 걸 이룰 수 있을 거예요. 이런 가치들이 우리 소망보다 더 높은 거니까요." 거기 있던 코치와 나는 이런 생각에 경탄했다.

그 다음 아이들한테 자기에게 제일 중요한 가치들을 고르고 또 앞으로 몇 주일 동안 거기에 가까이 다가가고 싶은 정도를 수치로 바꿔 종이 위에 쓰라고 했다. 그 다음에는 바닥에 표시되어 있던 숫자 중에서 자기가 적은 수치에 가서 서라고 시켰다. 이제 대부분이 3에서 5 사이의 숫자를 골랐다. 이 훈련의 효과를 극대화하려고, 교대로 아이들더러 각각 친구 세 명을 꼽게 했다. 지난 번 훈련에서 생각해낸 자기의 장점을 상징하는 이 친구들은 당사자 뒤에 선다. 친구들이 자리를 잡자 당사자는 자신이 아주 강하게 느껴져서 적어도 한 단계 더 앞으로 나갈 수 있었다.

그 다음 훈련에서는 목표 달성을 위해 어떤 행동이 필요한지, 그리고 목표에 가까이 가고 있다는 걸 어떻게 확인할 수 있는지에 대해 다루었다. 이러한 훈련을 마치고 나서 나는 내 자신의 목표에 한걸음 다가섰다고 느꼈다. 그 목표는 어린 축구선수들이 '부자 되기'에 눈멀지 않게 하고 의미 있는 행동이 중요함을 깨닫게 하자는 것이었다.

어린 운동선수들의 인성 강화와 잠재력 발굴을 위한 이런 여러 가지 훈련과 자극은 대부분 학교에서도 활용할 수 있다. 내 생각에 학교는 인격 도야 트레이닝을 응용하기에 이상적인 장소다. 학교는 공교육이라는 사명을 짊어지고 있다. 학교는 그러한 사명을 추구할 의무를 지니고 있어서, 이기적이거나 상업적인 타산이 아니라 이념적인 목표를 추구한다. 그래서 학교야말로 이런 훈련을 제공하기에 최적의 장소다. 우리 학교의 행복수업에서는 인격 발달 촉진 이론들을 실제 연습을 통해 쉽게 실현시킨다. 또 이에 대한 평가들을 보면, 학생들의 인격과 사회적 능력이 성장했음을 뚜렷하게 확인할 수 있다. 그뿐 아니라 인격 훈련을 개별 학과목의 교과과정에 통합시킬 수도 있는데, 이를테면 체육 과목이 좋은 예이다. 물론 이런 일을 경쟁 이념 하에서 벌여서는 안 된다. 국어와 문학 과목에서는 몸과 정신과 감정의 통일성을 촉진하기 위해 교육드라마를 활용한다. 또한 철학이나 윤리학 과목에서는 단지 성공하는 삶을 위한 이론적 행동규범만을 제공하는 것이 아니라, 이러한 성공을 정말 체험하고 느낄 수 있는 것으로 만들어볼 수 있으리라.

학교 안에서 인성 훈련을 하는 교사도 학교 바깥의 트레이너와 코치처럼 스스로 강인한 인격을 지니고 있어야 한다. 단지 훈련을 잘 설명하고 학생들과 실제 연습을 잘하는 것만으로는 부족하다. 교사가 진정성이 있는 인품을 갖추어야 학생들 앞에서 설득력 있는 모습을 보일 수 있다. 이를 위해서는 상당한 정도의 공감 능력을 갖추어야 하는데 이는 교사가 되기 위한 교육에서부터 집중적으로 훈련해야 한다. 그러므로 우리는 행복수업 교사들이 이러한 과제를 의식적으로 준비하도록 만들기로 했다. 이를 위해 교사들은 다른 사람의 인성을 강화하는 수단과 방법을 배울뿐더러 자기 자신도 강화시키는 것이다. 우리는 독일 전역에서 온 교사들과 더불어 하이델베르크 대학 의료심리 연구소의 연수에 참가했다. 잠재력 계발 교육, 교육드라마, 동기심리학 등의 최신 연구 성과들을 이론적이고 실천적으로 익히기 위함이었다. 여가시간에 자비를 들여 이 연수에 참여한 교사들은 수업을 풍요롭게 하고 자신의 인성을 강화시킬 수 있는 수많은 새로운 가능성들을 배우며 감격했다.

인성 훈련을 학교에 도입할 때는 우선 손쉽게 이해할 수 있는 연습들로 시작할 것을 권한다. 일단 빨리 성과를 거두어야 훈련에 계속 몰두할 의욕이 높아지는 법이니까. 소위 "엄지 초점(Daumenfokus)" 훈련을 통해 바로 이런 체험을 할 수 있다. 학생들더러 오른손 엄지를 위로 뻗은 채 오른팔을 들고 그 엄지에 시선을 고정하도록 시킨다. 그 상태로 상체를 오른쪽으로 한껏 돌린다. 엄지에 고정된 시선을 통해 어디까지 몸을 돌릴 수 있는지 알 수 있다. 시선이 엄지를 지나 향하는 고정된 대상, 예를 들어 벽에 걸린 그림을 기억한다. 그 다음 몸을 원위치로 돌리고 눈을 감는다. 그리고 머릿속으로 다시 한 번 바로 전에 도달했던 점까지 몸을 돌리라고 하면서, 이때는 다시 한 번 시도하면 30cm 더 돌릴 수 있다고 상상하라고 시킨다. 이제 눈을 뜬다. 그리고 다시 한 번 몸을 돌린다. 그 결과는 경이롭다. 거의 모두가 별로 애쓰지 않아도 바로 전에 도달한 고정된 지점을 훨씬 넘어서까지 몸을 돌릴 수 있는 것이다.

이런 간단한 연습은 아동과 청소년에게 자신이 모르던 능력을 가지고 있음을 또렷하게 보여준다. 게다가 자기 마음을 조종할 수만 있다면 목표 달성을 위해 행동을 최적화할 수 있다는 것도 인상적으로 보여준다.

　　나는 긍정적 사유가 자신의 힘을 얼마나 강화시킬 수 있는지 알게 하려고 다음과 같은 간단한 연습을 시킨다. 한 학생이 엄지와 검지를 붙여서 동그라미를 만든다. 그리고 최근의 불쾌한 경험에 대해 생각한다. 이 학생이 손가락으로 만든 동그라미에 다른 학생이 검지를 구부려 걸고 세게 당겨 풀어내려고 시도한다. 대개의 경우 성공한다. 그 다음 나는 손가락으로 동그라미를 만들었던 바로 그 학생에게 이제는 아주 즐거웠던 경험을 떠올리도록 시킨다. 그러면 동그라미를 풀어내는 일은 훨씬 힘들어진다. 학생들은 모두 놀라면서 긍정적 기억이 힘을 더해줌을 깨닫는다. 또한 이런 연습을 통해 자기 내면의 힘을 자각하고 생각이 기분을 부릴 수 있음을 경험한다.

　　감정은 지금 일어나는 사건 뿐 아니라 기억을 통해서도 일어난다. 예를 들어 우리가 특별히 고맙게 생각하는 어떤 일을 기억해 보자. 그런 일을 의도적으로 떠올리면 우리 마음의 눈앞에 이 일이 일어난 과정이 생생하게 떠오른다. 그러면 지금 실제로 그러한 상황이 일어나지 않고 그래서 그런 감각들도 없음에도 불구하고, 예전 상황에서 느꼈던 행복감이나 희열감 같은 정서가 우리 마음에 다시 생겨난다.

　　이러한 마음 속 여행을 통해 미래의 행동에 관계된 감정들도 생기게 할 수 있다. 이런 감정들은 우리가 직접 경험했거나 다른 방식으로, 이를테면 책이나 기사를 읽거나 그림을 보거나 음악을 들어서 알게 된 사건들로부터, 우러난다. 물론 이러한 미래의 사건들은 일종의 꿈이라고 할 수도 있지만, 의식적으로 조종할 수 있다는 점에서 정말 꿈과는 다르다. 머릿속에서 실제 상황을 미리 떠올려서 얻는 정서에는 가령 연인과의 재회 같은 사건을 기대하면서 느끼는 기쁨도 있을 수 있다.

꼭 사랑이 아니더라도 기대감이 주는 기쁨은 중요한 힘의 원천이 된다. 예를 들어 수학 시험을 준비하거나 세금신고서를 제출하는 일처럼 우리에게 다가오는 숙제들을 처리하기 위해 박차를 가한다고 가정해보자. 가령 매년 세금신고서 제출을 앞두고 나는 늘 지레 겁을 먹는다. 정리정돈을 잘 못하는 나로서는 영수증들을 찾아 모으는 일 자체가 이루 말할 수 없는 고역이기 때문이다. 게다가 서류를 작성하는 일도 끔찍하게 따분하다. 이 일을 하면 세무사 사무실에서 견습 사원으로 일하던 그 절망적인 시절이 떠오른다. 하지만 그래도 어느 정도 의욕을 불러일으키려고 이런 노력이 가져올 보상을 머릿속으로 미리 그려보기로 했다. 대개의 경우 나는 최후 순간까지 세금신고서 제출을 미루기 때문에, 국세청의 세금납부 통지서는 연말에 오기 마련이다. 그래서 내가 머릿속에 미리 그려보는 보상은 국세청이 크리스마스 선물로 세금을 환급해주는 것이다. 그래서 이런 장면을 눈앞에 그리면서, 세금공제를 받을 가능성을 모두 활용해 환급액을 최대한으로 "뽑아내려는" 목표를 이루기 위해 열심히 일한다. 그리고 이런 따분한 순간에는 곧 이 일에서 풀려나 해방감을 느낄 것을 이따금 생각하고, 책상이 깔끔하게 치워지는 후련한 순간을 떠올린다. 다른 사람들에게는 이런 일이 별 것 아닐 수도 있지만 내게는 아주 중요한 효과이다.

　이미 고대에 기분과 감정을 생각으로 조절하는 기술을 잘 보여준 사람이 있다. 에피쿠로스는 제자들더러 매일 잠자기 전에 그 날 하루를 성공적으로 잘 활용했는지 성찰하도록 시켰다. 이때 그날의 실패한 일이 아니라 성공한 일에 집중해야 한다는 점이 중요하다. 가정에서도 저녁에 아이에게 "오늘 어떤 일을 잘했니?"라고 물어야지, 부모의 눈에 아이의 약점이나 실패로 보이는 것을 찾아내는 일은 금물이다. 그래야 우리는 아이의 성공에 대해 아이와 더불어 기뻐할 수 있고 아이 자신도 잘한 일에 대한 기억 덕분에 그 좋은 느낌을 또 한 번 누려볼 수 있는 것이다. 또한 긍정적 감정을 다시 활성화하면 대개는 다음날 어려움을 극복하기 위해 필요한 에너지들이 생겨난다.

　재미없는 과제를 처리하는 것은 아이들에게는 특히 어렵게 느껴진다. 아이들이란 아직은 우리 어른들에 비해 좀 더 쥐락펴락 충동에 휘둘리기 때문이다. 그러므로 목표로 향하는 도중에 조그만 기억이나 긍정적 자극을 이용해서 아이에게 늘 새롭게 의욕을 불러일으키는 일이 중요하다. 격려를 담은 짤막한 편지, 곧 이루어낼 성공을 가시적으로 표현하기 위해 엄지손가락을 치켜세운 그림, 아이를 지원하는 부모의 선의를 상징하는 하트 그림… 이런 것들이 때로는 기적을 일으킨다. 책가방 옆에 놓인 아삭아삭한 사과는 영양가 있는 식사를 하기로 했던 좋은 계획들을 다시 떠올려줄 수도 있다. 이처럼 아이를 정신적으로 계속 분발시키기 위해서, 아이의 목표와 상징적이거나 실제적으로 관계있는 물건(예컨대 행운의 돌이나 시간 지키기를 명심하게 하는 아버지 시계 등)을 그 목표가 완전히 달성되고 유지되도록 아이 책상 등에 두어도 좋을 것이다.

아이가 기운을 내어 무언가 하는 것을 힘들어 할 때는, 부정적 표현보다 긍정적 표현을 써서 아이의 관점을 변화시켜주는 편이 더 좋다. 콜리아의 경우에는 아침에 일어날 때 스스로 의욕을 북돋을 수 있으리라. "잠을 오래 잘 잤더니 개운하네. 오늘 하루도 재미있을 거 같아." 이런 생각은 "아, 피곤해. 숙제도 아직 못 했잖아. 보나마나 또 혼날 걸." 같이 부정적인 생각보다 훨씬 건설적이다. 아이는 오랫동안 이런 생각 때문에 제때 일어나지 못했던 것이다.

아니면 부모는 콜리아와 머리를 맞대고 함께 어떤 '유도문장誘導文章 혹은 지도문장指導文章 혹은 시도문장示導文章(Leitsatz)'을 지어낼 수 있으리라. TSG 호펜하임의 유소년 축구선수들처럼 자기를 억센 동물로 여기는 것도 좋다. 예를 들어 이런 유도문장은 어떨까? "나는 젊고 호기심 많은 독수리니까, 아침 일찍 일어나 이 세상이 얼마나 싱그럽고 아름다운지 볼 거야." 벽에 독수리 사진까지 걸어두고 매일 아침 독수리를 떠올린다면, 아이의 결심은 곧 활성화된다. 이처럼 긍정적인 유도문장은 너무 길어서는 곤란하다. 그리고 이런 문장을 종이 몇 장에 써서 가급적 여러 곳에 걸어두면 잊지 않을 수 있다.

이런 방법을 구체적인 경우에 적용할 때에는 어떤 것이 힘을 증폭시키는 긍정적 역할을 할지 아이와 상의해서 찾아보기로 하자. "네 문제가 멋지게 사라졌다고 치자. 부모님이나 선생님은 그런 변화를 어떻게 아실 수 있을까?" 이렇게 물으면 아이는 ("꼭 좋은 성적을 얻을 거야." 같이) 주관적 관점에서 벗어나 ("선생님은 내가 학교에 꼬박꼬박 나오고 초롱초롱한 눈으로 집중하는 모습을 보실 거야."처럼) 외부적 관점을 취해볼 수 있다. 그러면 눈에 보이는 행동의 변화들, 예를 들어 수업에 꼬박꼬박 들어가는 일을 흡사 이미 겪은 일처럼 바라볼 수 있다. 다른 사람의 눈에는 이미 행동으로 옮겨진 일만 보이니까. 그 밖에도 관점 변경을 통해 아이 자신이 단계마다의 성공을 확인할 수 있다. 나중에 선생님이 긍정적 반응을 보이면 ("요즘은 예전보다 학교에 잘 나오는구나.") 아이는 그 단계의 성공들을 확인하게 되며, 이는 아이가 추구하는 목표로 가는 도정에서 또 다른 자극을 주게 된다.

이런 대화는 심문審問으로 전락하지 않고 느긋하게 이루어져야 한다. 단, 이런 대화는 가급적 아이의 목표가 가지는 측면들을 모두 다루어야 한다. 그 다음의 행동 단계가 유쾌한 생각과 잘 결부되면, 좋은 감정들을 좀 더 지속적으로 일깨워줄 수 있다. 나아가 좋은 느낌은 루비콘 강을 건너게 한다. 다시 말해 아이가 단지 검토 단계에 머물지 않고 그 다음 변화를 이루겠다고 굳게 결심하게 만든다는 얘기다. 이런 좋은 느낌은 또한 그 목표도 정말로 달성하고 말겠다는 의지를 강화한다.

긍정적 생각과 느낌이 구체적 목표와 결합되면 그 목표를 이룰 수 있을 뿐 아니라, 그 다음의 도전들을 이겨내는 일도 쉬워진다. 그런 식으로 좋은 생각과 느낌은 아이를 강하게 한다. 그러나 여기에서는 그저 일반적으로 긍정적 생각이 중요하기보다는, 특정의 과제를 수행하는 데 곧바로 기여하는 구체적인 좋은 느낌이 중요하다.

아이가 개인적 잠재력을 모두 활성화하려면 자기 목표가 그 자체로 의미가 있다는 사실을 반드시 깨달아야 한다. 예컨대 이런저런 학력은 부모에게는 소중한 목표일 수 있다. 부모는 그런 졸업장이 있으면 아이의 직업상 전망이 밝아지고 그 결과 아이가 아마 더 행복하게 살 수 있으리라고 기대하니까 말이다. 그렇지만 아이들은 대부분 즉흥적으로 행동하고 이따금 목표를 추구하더라도 단기적 목표일뿐이다. 이를테면 호기심이나 인정 욕구를 만족시키는 목표들이다. 새로운 친구, 최신 컴퓨터게임, 유행하는 옷 따위가 아무래도 학력과 관련된 장기적 목표보다는 더 빨리 이런 욕구들을 충족시킨다. 게다가 이런 단기적 목표가 이루어지면 빨리 주변의 반응을 얻을 수 있다.

목표 설정이 그저 부모의 소망에 그치지 않고 아이가 학업과 관련된 목표들을 정말로 자기 자신의 목표로 받아들이려면, 때로는 이러한 장기 목표를 한눈에 볼 수 있는 단기 프로젝트들로 쪼개야 한다. 이런 프로젝트들은 아이의 호기심을 불러일으키고 아이가 더 빨리 성공을 맛보도록 하기 때문이다. 먼 훗날 목표를 이루는 일을 구체적이고 입체적으로 떠올려보려면 풍부한 경험이 필요한데, 청소년에게는 대개의 경우 이런 경험이 아직 없다.

성공적으로 학업을 마치고 졸업식에서 엄숙하게 졸업장을 수여받는 느낌을 아이가 어떻게 알겠는가? 그렇기 때문에 아동과 청소년과 함께 계획을 세울 때는 그때그때 바로 그 다음 단계에 호기심을 품게 만드는 것이 좋다. 그리고 그런 중간 목표에만 도달해도 아이가 원하는 정신적 보상과 다른 사람의 인정을 받을 수 있음을 경험시켜주는 것이 좋다. 상급학교에 진학했다든지 다음 학년으로 올라갔을 때 식구들이 잔치를 열어주거나, 벅찬 시험이 끝난 후에 함께 아이스크림을 사먹으러 가는 것도 부모가 인정하고 있음을 표현하는 방법이다. 부모의 반응이 빨리 일어날수록 그 반응과 아이의 행동 간의 연관

관계가 더 분명해지기 때문에, 그런 긍정적 평가로 인해 아이가 앞으로 행동에 의욕을 가질 가능성이 크다. 그러니까 이를테면 풍부한 상상력을 동원해 써낸 시험 답안을 교사가 교정하는 데 몇 주일씩 걸린다면, 학생들에게는 종종 실망스러운 일이 된다.

아이들은 칭찬 받고 싶어 한다. 단, 남다른 창의성이나 노력이나 참을성이 들어간 행동에 대해서만 칭찬 받고 싶어 한다. 별의별 사소한 일들에 대해서도 칭찬을 늘어놓아야 한다는 '애무 교육론'은 길게 보면 아이의 의욕을 불러일으키기는커녕 외려 이런 칭찬에 대한 감각을 둔화시킨다. 반대로 "욕만 안 해도 칭찬이다."라는 슈바벤 지방 속담처럼 칭찬에 인색하다면 아이들은 지속적 불안 상태에 처할 수 있다. 부모와 교사의 진심어린 칭찬만이 아이를 안심시키고 낙관적으로 만든다. 아이가 신뢰하는 사람들이 아이를 칭찬하기를 소홀히 하면, 아이는 다른 경로로 그런 칭찬을 얻으려는 욕구에 과도하게 집착한다. 물론 아이에게는 또래 집단의 의견이 중요하고 여러 면에서 유용하기도 하다. 다만 또래 집단의 의견이 아이가 판단하는 데 유일무이한 기준이 되어서는 안 된다. 또한 적절한 인정을 통해 인성이 강화되면 또래 친구들의 자신에 대한 인정과 판단에 대해 거리를 두고 객관적으로 평가할 수도 있다. 친구들 사이에서는 서로 과장하거나 미화하는 일이 잦기 때문이다.

외부의 인정만큼이나 중요한 것은 내면적 보상, 즉, 언뜻 저절로 생기는 것 같은 좋은 느낌이다. 그러므로 교육과 양육에는 언제나 정서 교육도 필요하다. 아이들은 자기와 타인의 감정을 지각하고 해석하는 법을 배워야 한다. 그러면 예를 들어 자기가 다른 사람에게 어떻게 영향을 미치는지 감지하게 되는데, 이는 자신의 정체성을 형성하는 데 커다란 힘이 된다. 더 나아가 공동체 내의 분위기에 대한 감수성을 얻고 또 어쩌면 자신에게 불리할지도 모를 변화를 조기에 감지할 수도 있다. 그리하여 아이의 감정은 기억으로 남기 때문에, 미래의 일을 결정할 때면 그러한 기억이 좋거나 나쁜 감정을 떠올리게 함으로써 행동의 여러 가능성을 합리적으로 검토하는 데 도움이 된다.

정서적 학습은 우선은 가정에서 이루어진다. 이는 부모가 이해심과 공감을 지니고 아이의 감정 변화에 반응하는 것을 통해서, 그리고 부모도 자기감정을 보여줌으로써 이루어진다. 물론 그렇다고 자기 '마음 속 쓰레기통'을 아이에게 쏟아 부으라는 말은 아니다. 그럴 경우에는 아이에게 도리어 과도한 짐을 지우기 때문이다. 부모와 아이는 그 연령에 걸맞게 서로 자기감정을 보여주고, 또 타인에 대한 아이의 감정을 대화로 주고받을 수 있다. 나는 내 딸들이 잠들기 전에 우리가 나눈 수많은 대화들을 아직도 생생히 기억한다. 이럴 때 아이들은 어쩌다가 눈물을 흘리기도 하지만, 그렇다고 부모가 놀라자빠질 필요는 없다. 그 날 일들을 정서적으로 소화하는 일은 아이의 영혼의 건강을 위해서 꼭 필요하기 때문이다. 절친한 친구가 별안간 등을 돌려서 다른 친구에게 가거나 아이가 또래 집단에서 원하는 위치를 차지하지 못할 때는 어른의 경험을 말해주는 것이 그런 상황을 평가하는 데 도움을 준다. 또한 아이가 마음의 상처를 입을 때라면 부모는 다소 편파적으로 아이 편을 들어줘도 좋다. 부모가 자기 아이더러 늘 다른 아이보다 더 너그럽고 공정하고 관대하라고 성화를 부리는 것은 금물이다.

이처럼 중요한 정서 학습이라는 과제를 위해 학교는 부모들을 지원해야겠지만, 아쉽게도 그럴 시간이 너무나 부족한 경우가 많다. 주로 지식 전달과 성적을 중요시하게 되면, 대개의 경우 갈등 상황이 나타날 때에야 비로소 아이의 감정에 눈을 돌린다. 게다가 이런 갈등 상황을 최대한 빨리 진화하려들기 때문에 여간해서 새로운 깨달음을 주기가 어렵다. 사회적 능력을 촉진하려면 어느 정도 시간이 필요하고 적절한 전문가가 필요하며 무엇보다도 많은 연습이 필요하다. 아이들이 이를테면 집단에서 따돌림을 당하는 사람이 어떤 기분을 느낄지 헤아려 보려면, 그저 일반적으로 설명을 늘어놓아봤자 별 도움이 안 된다. 이보다는 자기 자신이 따돌림 당했다고 느끼는 상황을 떠올려보는 것이 훨씬 효과가 크다. 부정적 체험을 떠올리면 여기 결부된 부정적 감정들이 다시 일깨워지기 때문이다.

하지만 정서 학습을 잘하기 위해서는, 아이가 겪었던 당혹스러운 경험이 새롭게 상처가 되지 않게 해야 한다. 아동과 청소년에게 따돌림을 당하는 사람 혹은 소수집단의 감정을 느끼게 할 수 있는 간단한 연습이 있다. 예를 들어 나는 호펜하임의 열다섯 살 유소년 선수들에게 적당한 속도로 운동장을 돌게 한다. 그러다가 한 아이에게 다른 아이들보다 두 배 정도 빨리 걸으라고 시킨다. 그런 연습이 끝난 후에 우선 빨리 걸은 아이에게 어떤 느낌이었는지 묻는다. 그러면 대개는 배가 근질근질했다거나 가슴에 묵직한 압박감이 있었다고 대답한다. 한 아이는 이렇게 말했다. "뜬금없이 목이 너무 말랐어요." 하지만 다수 집단도 보통의 경우 그리 편안한 느낌은 아니었다. 이처럼 흐트러진 공동체 의식을 회복하기 위해 자기들도 빨리 걸어야 한다는 중압감을 느낀 것이다. 집단에서 따돌림 당하는 것은 몸을 다치는 일에 버금갈 만큼 심각하게 느껴진다. 왜냐하면 인간이 아직 초원을 가로지르던 원시시대에는, 따돌림을 당하는 일은 두말할 것 없이 죽음을 뜻했기 때문이다. 그러므로 집단에서 고립되는 것이 당사자를 우울하게 만들거나 공격적으로 만드는 것은 당연하다.

개인의 삶이나 행동이 변하면 집단의 다른 구성원들도 언제나 영향을 받는다. 이런 사실을 느끼려면 아이들은 교회 첨탑 위에 아슬아슬하게 균형을 유지하고 있는 철판 위에 있다고 상상해볼 수 있다. 이 연습을 위해 아교로 여러 겹으로 붙인 약 1제곱미터의 나무판을 마련하고 그 아래 약 10센티미터 길이의 각진 나무를 놓는다. 얼마 전 이 연습을 호펜하임의 어린 선수들과 해보았다. 먼저 몇 사람이 나무판 위에 올라서서 자리를 잡는데, 균형을 잘 유지해서 나무판이 바닥에 닿지 않게 한다. 그후 다른 선수들이 하나씩 그리로 올라서면 원래 올라와 있던 선수는 나무판에서 내려온다. 이러는 동안 내내 균형이 유지되어야 한다. 이렇게 상황이 변화하는 것은 축구경기 중에 실제로 일어나는 일들이다. 예를 들어 동료 선수가 부상을 당하거나 퇴장을 당하면, 다른 선수들은 모두 즉시 반응해서 자기 위치를 바꿔가면서 팀 전체가 계속 성공적으로 작동하게 만들어야 한다.

그뿐 아니라 이 연습은 가정에서 어떤 사람이 한동안 없어지거나 어떤 이유에서건 가정을 떠난 이후에 가정 내의 균형을 되찾으려면 어떤 노력을 기울여야 하는지를 뚜렷하게 보여줄 수 있다. 이를 통해 가정에서 새롭게 과제를 배분하는 일이라든지, 혹은 경우에 따라 태도를 변화시키는 일을 이해할 수 있다. 예를 들어 부모 중 한 사람이 가정을 떠나면, 모든 식구가 각각 새로운 위치를 얻고 새로운 과제를 넘겨받아야만 가족 전체가 균형을 유지할 수 있다.

이러한 연습들을 보면, 전통적 학습 방식이 아니라 감정과 몸을 활용하는 학습 방식을 활용할 때 아이들이 그 문제를 더 깊이 이해하고, 대개의 경우 그 해결책도 더 오래 기억한다는 사실을 알 수 있다. 이런 식으로 아이들은 가족, 클립, 학교 같은 체계들 내에서의 변화를 자기가 극복할 수 있는 일이고 정상적인 일이라고 느끼는 법을 배운다. 언젠가 필요할 때가 와서 그토록 재미있게 했던 그 게임 상황을 기억해낸다면, 아마 도전에 적극 맞설 수 있는 에너지를 얻을 것이다.

우리 인간은 기존의 것에 집착하는 경향이 있다. 습관은 아늑하고 따뜻한 안전을 약속하므로 좋은 것으로 여겨지기 때문이다. 그러나 이따금 기존 모델을 자진해서 깨고 새로운 균형을 창조해야 한다. 나무판을 가지고 재미있게 연습하면서 아이들은 과거의 것에서 벗어나 새로운 것을 감행하고 타인에게 마음의 문을 열고 의미 있는 변화를 스스로 시작할 용기를 배운다.

# 운동, 살 빼는 데만 좋은 게 아냐

　　가정과 학교에서 아동과 청소년의 인성을 강화하는 방법에는, 의욕을 불어넣는 심리적 지원 뿐 아니라 건강하게 성장하도록 하는 신체적 지원도 있다. 하지만 우리가 학교에서 관찰해봤던 것을 생각하면, 너무나도 많은 아이들이 전혀 신체적 훈련이 되어있지 않고 균형 잡힌 식사를 하지 않고 과체중이다. 이런 아이들은 대개는 자기 몸에 대해 불편함을 느끼고 체육시간에는 의사 진단서를 내보이고 벤치에 앉아 구경만 하고 또래 집단에서 소외되며, "쟤는 철봉에서 도는 거는 어차피 못할 거야. 그런 걸 하기에는 너무 뚱보야." 같은 부정적 반응을 접하곤 한다. 애초부터 이런 일을 막기 위해 아이가 몸을 움직이는 일을 즐거워하게 만드는 일이 가정과 학교의 중요한 과제이다.

　　운동은 재미있을 뿐 아니라, 신체 제어 능력을 향상시키고 다른 사람에 대한 주의력도 연습시킨다. 팀 스포츠의 경우 아이들은 예컨대 팀 내에서 함께 계획을 세우고 행동하고 문제를 해결하는 법을 배운다. 이는 자신과 다른 사람의 힘에 대한 신뢰를 높여준다. 아이들은 자신과 다른 사람에 대한 책임을 떠맡는 법을 배우고, 기다리는 법을 배우며, 함께 이룬 성공에 기뻐하고 패배를 건설적으로 활용하는 법도 배운다. 운동을 통해 아이들은 자기 몸을 편안하게 느끼고 자기 몸의 특성들을 자기의 일부로 받아들일 수 있다. 이 뿐 아니라 운동에 있어 목표를 설정하고 달성하는 경험은 다른 과제들을 설정하고 달성하는 데에도 응용할 수 있다. "땀 흘리지 않으면 얻는 것도 없다." 이 해묵은 속담은 특히 체육에 잘 들어맞는다. 그러니까 아이들은 운동을 통해서 노력이 얼마나 가치 있는지, 그리고 노력을 통해 마침내 성공을 거두는 일이 얼마나 즐거운 일인지를 배운다.

물론 부모의 야망에 부응하기 위해서 테니스장이나 수영장이나 스타디움에서 엄청난 부담을 안고서 운동하는 아이는 이런 것들을 배우지 못한다. 어느 정도의 부담이 적절하고 어떤 운동이 어울리는가에 관해서는, 아이 자신보다 더 나은 전문가는 없다. 아이가 다양한 운동을 맛보게 하려면 일단 여러 운동이 제공되어야 하고, 처음에 운동법을 잘 가르쳐 주어야 하며, 무엇보다 부모와 교사가 느긋해야 한다.

또한 스포츠 활동은 공동의 목표를 세우고 이를 이루기 위해 노력을 할 수 있는 매우 좋은 기회다. 얼마 전 우리 학교의 행복 과목을 듣는 반 전체가 하이델베르크의 하프마라톤 대회 참가를 신청했다. 장장 21.1킬로미터 구간을 달리는 대회였다. 나 자신이 지구력이 필요한 스포츠들을 아주 좋아하기 때문에, 나는 이 대회에 대해 열심히 설명해서 조금씩 아이들을 끌어들였고 결국 모두 참가하게 만들었다. 처음에는 원래 운동을 좋아하는 아이들이 환호를 보냈고 그 다음에는 차차 더 많은 '동조자'들이 가담하기 시작했다.

물론 어떤 클래스에서 학생들의 신체 단련 정도는 제각각이다. 체육시간에 지구력 검사를 위해 쿠퍼(Cooper) 테스트를 시행했다. 12분 동안 운동장을 최대한 많이 도는 테스트다. 이 테스트에서 적지 않은 아이들이 더 이상 뛸 수 없는 한계에 곧바로 봉착했다. 그래서 나는 아이들에게 지나친 부담을 주지 않기 위해서 하프마라톤을 마치 이어달리기처럼 몇 구간으로 나누었다. 그리고 아이들더러 각자 이 중에서 조금 긴 구간을 달릴지, 조금 짧은 구간을 달릴지 고르도록 시켰다. 처음에는 겨우 1킬로미터만 뛰려는 아이들도 있었고, 17킬로미터까지 뛰겠다는 아이들도 있었다. 그리고 우리는 의논해서 훈련 시간을 정했고, 훈련에 참가하기 어려운 일이 있을 경우에는 어떻게 할지에 대해서는 가령 "비가 오더라도 뛴다." 같은 말로 약속을 만들어놓았다.

그 반의 체육 선생님은 좋은 아이디어들을 내놓아서 훈련을 더욱 풍요롭게 만들었다. 그는 함께 부르면 성공의 느낌을 미리 맛보게 하는 노래들을 아이들과 함께 연구했다. 또 아이들의 의욕을 고취시키려고 영화 〈록키〉의 몇몇 장면을 보여주기도 했다. 삼류 권투선수 록키 발보아가 세계 챔피언을 이기기 위해 고된 달리기 훈련으로 컨디션을 높이는 장면들이었다. 요컨대 체육 선생님은 대회에 대한 기대감을 고조시키고 매주 훈련에서 밝은 기분을 만들어내기 위해서 온갖 정성을 기울였다. 아이들이 반년 넘게 정기적으로 아주 열심히 연습에 참여하는 데에는, 이러한 정성이 크게 기여했던 것이다. 훈련이 끝날 무렵이 되자 어떤 아이들은 원래 마음먹었던 것보다 훨씬 더 긴 구간을 달리기까지 했다. 우리는 각 구간의 주자들이 교대할 정확한 지점을 정했고, 누가 어느 구간을 달릴지는 아이들끼리 상의해서 정하게 했다.

그리고는 2010년 4월 25일, 따사로운 봄날이었다. 체육 선생님과 나는 약속장소에서 기다리면서, 정말 한사람도 빠짐없이 달리기 약속을 지키려고 나타날지 긴장하고 있었다. 아이들은 거의 전원이 나타났다. 어느 여학생은 아버지를 모셔오기까지 했다. 아버지는 이 아이디어가 너무 마음에 들어 자기도 같이 달리고 싶다는 것이었다.

아이들은 하프마라톤에 참가하기 위해 구름같이 모여든 사람들을 보자 흥분을 감추지 못했다. 우리는 마지막으로 출발하는 그룹에서 시작했고, 첫 번째 교대 지점까지 천천히 달렸다. 그리고 다음 주자들과 교대했다. 아이들은 달리는 내내 쾌활했고 언덕이 많은 까다로운 구간이지만 이 모든 도전을 이겨냈다. 구간 전체를 함께 달리는 체육 선생님과 나는 약속한 지점에서 모든 아이들이 신뢰를 저버리지 않고 기다리고 있는 모습을 보고 더할 수 없이 기뻤다.

에두아트도 최종 주자 중 한 명이었다. 그 아이는 행복수업 초반에 키 189센티미터, 몸무게 120킬로그램의 거대한 몸집이었다. 그 아이는 10킬로미터를 달리겠다고 마음먹었는데, 정말 힘든 도전이 아닐 수 없었다. 물론 행복수업이 진행되는 도중에 벌써 20킬로그램을 뺐지만 그래도 0.1톤의 몸을 산 위에 있는 하이델베르크 성까지 끌고 올라가야 했던 것이다. 그렇지만 다른 아이들과 마찬가지로 그 아이도 자기가 정한 구간을 달리는 데 성공했다. 심지어 너무 기뻐서 교대 지점에서 자기 출발번호를 넘겨주고 나서도 골인지점까지 주자들을 따라서 달렸다. 거기에는 이 마지막 주자들보다 먼저 골인한 다른 그룹들도 기다리고 있었다. 골인지점에서 다시 만나 서로 큰 소리로 인사를 하면서 모두 자기가 이뤄낸 일에 대해서, 그리고 학급 전체가 이뤄낸 일에 대해서 벅찬 감격을 맛보았다. 대회가 끝난 후 일요일 오후 바비큐 파티에서 학생들은 이처럼 스포츠의 도전을 성공적으로 극복한 데 대한 행복감을 거리낌 없이 누렸다.

이처럼 함께 달리기 뿐 아니라 다른 참신한 운동 방식들도 아이들의 열광을 이끌어낼 수 있다. 미지의 것이야말로 호기심을 자아내고 자기 스스로 해보도록 자극하기 때문이다. 나는 행복수업을 하는 중에 학생들에게 몸에 대한 새로운 체험과 동시에 감정 훈련을 시켜보려 했다. 그래서 봉술棒術 강좌를 열어보자는 아이디어가 떠올랐다. 나는 국제적으로 유명한 무용수이자 체육교육자인 피아 안드레(Pia André)를 알게 되었고, 그녀가 배우와 교육극 전문가들을 위한 봉술 세미나를 연다는 말을 듣자 곧바로 우리 학생들을 떠올렸다. 피아는 내 아이디어가 너무 마음에 든다면서 그 자리에서 동의했다.

우리가 하려는 봉술은 필리핀에서 유래했다. 항해자이자 정복자인 페르디난드 마젤란(Ferdinand Magellan)이 16세기 유럽인으로서는 처음으로 막대기를 휘두르는 그곳 전사들과 유쾌하지 못한 조우遭遇를 했다. 다섯 척의 배를 타고 그곳에 간 마젤란은 갑옷과 각종 무기로 중무장한 선원들 전원과 더불어, 겨우 등나무 막대기의 칭으로 무장한 필리핀인들과 싸우다 죽음을 맞았다. 그래서 동남아시아의 그 섬을 스페인이 식민통치하는 동안 이 봉술은 금지되었다. 하지만 창의적인 필리핀 사람들은 봉술을 춤으로 승화시켜 여러 세대에 걸쳐 전승시켰다. 아마 그래서 이 봉술은 강렬한 리듬에 따라 힘과 움직임을 드러내고 정확한 동작을 까다롭게 요구하는 것이리라.

우리 학생들은 처음에는 이 일에 대해 고개를 갸우뚱했다. 하지만 결국 아이들은 거의 전원이 금요일과 토요일 방과 후 강당에서 이 행복수업 추가 과목에 참석했다. 피아 안드레는 자기소개 시간에 하나의 실험을 했다. 아이들이 자기 이름을 소개할 때 한순간 참았다가 말을 하라고 시킨 것이다. 그러면서 자기 마음속에서 어떤 느낌이 나타나는지 관찰해야 했다. 그 후 아이들은 그렇게 말을 멈추는 순간에 어떤 긴장감을 느꼈고 그 이전보다 더 깨어있고 생생하게 느꼈다고 전했다.

피아는 이 효과를 더 심화하기 위해서, 자기소개를 다시 한 번 하면서 자기 이름을 머릿속에서 먼저 한 번 말한 다음에 입 밖으로 내보라고 시켰다. 이 간단한 연습을 통해 아이들은 자기가 '얻은' 그 시간 동안에 자신의 행동을 아주 맑은 정신으로 조종할 수 있다는 사실을 즉각 깨닫게 되었다. 이 사소한 지연을 통해 즉흥적으로 행동하지 않고 스스로 제어하면서 행동하는 일이 얼마나 중요한지 깨달은 것이다.

그 다음에 잔뜩 호기심에 찬 아이들은 등나무 막대기를 다루는 법을 연습했다. 아이들은 방어를 위해 막대기를 자기 몸 앞에 들거나 교묘하게 휘두르거나 허공에 높이 던졌다가 다시 잡거나 서로 던지고 받는 일을 빨리 익혔다. 조금 위험하기도 했지만 아무도 다치지 않았다. 모두 서로 존중하고 주의하는 분위기였고, 어떤 동작을 하더라도 미리 잠깐 멈추는 법을 체계적으로 연습했기 때문이었다. 물론 막대기는 연신 바닥에 떨어졌지만, 누구도 짜증을 내거나 긴장하지 않고 느긋하게 연습했다.

놀이를 하듯이 리듬을 타고 역동적으로 막대기를 다루는 학생들은 아무리 실수를 해도 좋았다. 실수를 해도 좋다는 사실은 그에 대한 두려움을 없애고 즐겁게 배울 수 있게 만든다. 피아가 준비해온 빠르고 신나는 음악에 맞춰 아이들은 거의 애를 쓰지도 않고 그 봉술의 기본기와 타격법을 배웠다. 무언가를 배울 때면 대개 나타나는 중압감을 그 선생님이 체계적으로 없애나가는 모습은 참으로 인상적이었다. 학생들은 고도로 집중해서 그때그때 앞에 선 상대에 맞섰으며, 이와 동시에 주변의 공간을 전체적으로 개관하기 위해서 절대적으로 깨어있는 상태를 유지했다. 자기 앞과 뒤와 옆에서 다른 학생들이 대련하고 있어서, 자기 자신과 다른 사람이 다치지 않게 하려면 아주 조심스러워야하기 때문이다.

학생들은 자기와 상대방의 막대기를 보면서 자기 행동이 어떻게 작용하는지에 대해 직접적 반응을 얻었다. 예를 들어 마주 선 상대가 경직된 자세로 방어를 취할 때 자신의 타격이 특히 강력해진다는 것을 느낀다. 또는 상대의 타격을 교묘하게 피하거나 자기 막대기를 비스듬히 갖다 대어, 상대의 막대기가 허공을 가르거나 옆으로 흘러버리게 하면 상대방의 힘이 수포로 돌아간다는 것도 쉽게 배웠다. 그리고 무엇보다도 자기와 상대의 손이 다치지 않게 하려면 아주 집중해서 움직여야 한다는 점을 알게 되었다.

　　피아가 아이들이 경험한 것을 돌이켜볼 수 있도록 중간 중간 쉬는 시간을 자주 두었기 때문에, 아이들은 몸으로 체험한 내용들을 생각하면서 소화해내고 일상적 상황에 응용할 수 있었다. 예를 들어 일상생활에서도 상대와 직접 맞서 대항하려 하면 힘이 훨씬 더 소모되며 상대가 말로 공격을 할 때 슬쩍 비껴서면 오히려 힘들이지 않고 방어할 수 있다는 사실을, 이러한 봉술 훈련을 통해서 깨달을 수 있다. 이를테면 상대가 모욕을 가할 때 직접 앙갚음하기보다 그 '공격자'를 다른 데로 이끌거나 시간을 지연시킴으로써 김을 빠지게 만들 수 있다. 예를 들어 "내 생각에 OO에게 물어봐야겠는데. 그 사람도 당사자니까." 혹은 "여기 대해서는 나중에 이야기하자고." 같은 간단한 말로 충분하다. 그 외에도 피아가 오만가지 자극에 대해 그때그때 즉각 반응하지 말고 유리한 기회를 기다렸다가 비로소 행동해야 한다는 사실을 학생들에게 전달하는 방식은 인상적이었다.

　　봉술의 리드미컬한 움직임을 통해 아이들은 조화의 감정을 알게 되었다. 그래서 동작의 이처럼 새로운 틀은 아주 재미있게 느껴졌다. 연신 새로운 대형으로 서면서, 때로는 무용처럼, 때로는 전투처럼 움직이기 때문에 조금도 물리지 않는 것처럼 보였다. 그 시간을 마치면서 어떤 느낌이었는지 묻자, 아이들은 시간이 그렇게 빨리 지나갔느냐면서 놀라고 또 모두가 끝까지 해냈을 뿐 아니라 아무도 다치지 않은 것에 대해서도 놀라워했다. 그래서 나는 많은 학생들이 그 첫 시간에 이미 몰입 체험을 했다고 느꼈다. 아이들은 새로운 도전을 받아들이면서 아주 짧은 시간 내에 어느 정도 완벽하게 기본기를 익혔으며 리드미컬한 움직임에 무아지경으로 빠져들었던 것이다.

모두가 피아 안드레의 봉술 강좌를 그렇게 열렬히 좋아한 것은 틀림없이 청소년들이 원초적이고 전투적으로 행동하면서 느끼는 재미 때문이지만, 그렇다고 그 게임 안에 공격적 감정은 없다. 오히려 그러한 유희적인 대결을 통해 마음의 긴장을 해소하고 긍정적 에너지로 전환할 수 있다. 그래서 피아 안드레가 그 후 여러 학교와 지역사회로부터 폭력 예방 프로그램의 일환으로 초대를 받아 청소년들을 위한 워크숍을 자주 열게 된 것은 놀라운 일이 아니다.

우리가 전통적인 스포츠나 새로운 스포츠에서 경험해봤듯이, 청소년들은 운동을 하면서 몸으로 체험하는 데 대해 커다란 소망을 가지고 있다. 이 소망은 전력을 다하여 몸이 녹초가 되는 느낌을 쾌적하게 받아들이는 인간의 원초적 욕망에서 나온다. 자기 몸을 잘 알고 몸을 움직이면서 어떤 성과까지 경험한 사람이라면 몸을 아끼는 법을 배우기에 자기 몸을 경솔하게나 심지어 파괴적으로 다루지 않는다. 또한 집단 속에서 몸을 움직이는 일은 사회적 관계를 촉진하고 기분을 전환시킨다. 그리고 아름다움을 이용해 돈을 버는 기업들이 선동하는 완벽한 몸이라는 의무 때문에 어쩔 수 없이 생겨나는 열등감을 이겨내는 데에도 도움이 된다.

몸을 더 많이 움직이도록 하기 위한 최초의 발걸음을 떼기 위해서는 간혹 스스로를 이겨내야 한다. 그럴수록 우리 어른들은 아동과 청소년이 행복감을 위해서 자기 몸이 지닌 잠재력을 활용할 수 있도록 격려하고 지원해야 한다. 또한 널리 유행하는 스포츠 외에도 체육를

럽이나 자원봉사단체가 제공하는 생활체육의 틀 내에서 매우 폭넓은 참여 가능성이 있다. 아마 우리 자신이 아이들에게 본보기가 되기 위해 스스로 첫걸음을 내디뎌야 하리라. 플라톤이 말한 것처럼 '시작이 반'이기 때문이다.

# 넷.
# 행복 가르침

도전에 맞선다는
것은 기성의 해답을 그저 복사해오는
것이 아니다. 그것은 스스로 길을 나서는
것이고 자기의 해법을 시험해보는 것이다.
이럴 때 나타나는 걸림돌을 극복하려면 아이는
무엇보다도 자신의 가능성에 대한 믿음이 있어야
한다. 자신감은 보호받고 있다는 든든한 느낌에서
생겨나기도 하지만, 다른 한편 자기 힘으로
장애물을 극복했던 경험에서 생겨나기도 한다.

# 아이는 어떻게 행복해지는가

모든 사람이 행복하기를 원한다. 거기엔 의심의 여지가 없다. 그리고 모든 부모는 당연히 자식이 행복하기를 원한다. 그러나 아쉽게도 행복 가르침에 있어서는 우물쭈물 망설인다. 그래서 아이를 행복하게 만들려는 많은 시도들이 시작부터 실패한다. 어른이 아이의 욕구를 잘못 가늠하기 때문이다. 예를 들어 크리스마스나 생일에 산더미처럼 선물꾸러미를 안겨준다고 해서 반드시 행복해지는 것은 아니다. 때로는 도리어 스트레스만 안겨주기도 한다. 지나치게 넘칠 때는 과도한 부담을 느끼기 때문이다. 혹은 선물들이 아이의 나이에 걸맞지 않기 때문이거나, 새로운 물건에서 받는 자극이 너무 금방 사라져버리기 때문이다. 또한 이따금 아이가 선물을 받으려는 욕구 뒤에 숨어있는 진정한 동기를 어른이 이해하지 못하기 때문이기도 하다.

아이가 보드게임을 선물로 받기를 원하는 것은 부모가 자기와 놀아주기를 원하기 때문일지도 모른다. 그런데 아빠와 엄마가 보드게임을 사주고는 막상 자식과 함께 그걸 가지고 놀 시간이 없거나 흥미가 없다면 아이는 오히려 실망한다.

　　더 문제가 되는 경우도 있다. 아이의 행복을 원하는 부모의 간절한 소망 때문에, 부모나 사회의 가치표상에는 상응해도 아이의 소망과 포부에는 상응하지 않는 구체적 목표와 규범을 아이에게 제시하는 경우가 그렇다. 성역할에 대한 상투적 편견에 사로잡힌 교육 때문에 여자아이가 왈가닥이면 가령 '칠칠치 못한 계집애'라고 욕하고 남자아이가 수줍어하면 '계집애 같은 놈'이라고 헐뜯는 것을 생각해보자. 오늘날까지도 부모의 도덕관념들 때문에 얼마나 많은 아이들이 동성애 기질을 감히 진솔하게 드러내지 못하고 있는가. 혹은 옹졸한 부모들이 아이가 무언가 '분별 있는 것'을 배우기를 원하는 바람에 얼마나 많은 숨은 예술가들이 진정한 행복을 단념하고 있는가.

　　물론 행복 가르침이 아동과 청소년을 이른바 '행복 사냥꾼'으로 만들려는 것은 아니다. 행복한 순간의 총합을 극대화하기 위해 끊임없이 흥분을 찾아 헤매는 행복 사냥꾼 말이다. 이에 대해서 정신의학자 빅터 프랑클은 이렇게 썼다. "인간은 행복을 사냥하면 할수록 점점 행복을 몰아낸다. 이를 제대로 이해하려면, 인간이 기본적으로 행복을 추구한다는 선입견만 극복하면 된다. 그러니까 인간이 정말 원하는 것은 행복의 의미를 가지는 것이다. 그리고 행복의 의미만 찾는다면 행복감은 절로 생겨난다."[18]

　　지그문트 프로이트(Sigmund Freud) 및 알프레트 아들러(Alfred

Adler)와 더불어 20세기의 위대한 정신의학자 중 한 명으로서 의미요법을 창시해 정신의학에서 이른바 3차 빈 학파를 세운 프랑클은, 사람됨의 본질에는 의미를 향한 의지도 포함된다고 생각한다. 모든 사람은 창조적 작용을 하고 싶어 하고, 무아지경에서 어떤 활동이나 사람에게 몰두하기를 원하며, 또 위기 상황에서도 스스로 강함과 의미를 느끼게 해주는 태도를 취하고 싶어 한다. "인간은 의미를 찾아내면 그때는 (그리고 오직 그때에만) 행복하다. 다른 한편으로는 의미를 찾아내면 고통도 참을 수 있게 된다."[19] 프랑클이 말하고자 하는 것은 자기 삶에서 어떤 의미를 깨달은 사람은 고통조차 참아낼 능력을 지니게 된다는 사실이다. 프랑클 자신이 그랬다. 나치 독일의 강제수용소에 여러 해 동안 갇혀있었던 그는 이 경험에 대해 감동적인 책을 썼다.[20]

프랑클의 사상을 받아들인다면, 그리고 교육이란 아이가 가장 잘 성장하도록 치밀한 계획에 따라서 지원하는 것임을 인정한다면, 아이의 행복 능력을 강화한다는 것은 삶의 행복이 가지는 참된 의미들을 아이와 더불어 찾아내는 일이다. 그건 거창한 선물이나 선의의 훈계 따위로 되는 게 아니다. 독일어에서 "행복"을 뜻하는 글뤽(Glück)이라는 말은, "성공하다"는 의미의 단어 겔링엔(gelingen)의 고어 게뤼켄(gelücken)에서 유래했다. 그리고 삶이 성공하려면, 보통은 스스로 기여해야 한다. 물론 행운에 의해서나 부모에 의해 뜻밖의 선물을 받을 수도 있다. 다시 말해 아무 노력 없이 꿈꾸던 목표에 도달하는 일도 나름 멋진 일이다. 하지만 행복 가르침에서는 우연히 하늘에서 뚝 떨어지는 행운이 아니라 스스로 만들어나갈 수 있는 부분이 중요하다. 미국의 행복 연구가 소냐 류보머스키(Sonja Lyubomirsky)는 여러 가지 연구에서 얻은 경험을 통해, 행복감의 5할은 유전적 소인에, 1할은 삶의 외적인 상황에 의해서 규정된다고 보았다. 그러니까 우리가 스스로 영향력을 행사할 수 있는 부분이 아직 4할이나 남아있다는 얘기다.[21]

아이들이 장기적으로 행복해지고 성공하는 삶을 살도록 만드는 교육이란, 인간이 무엇보다 어떨 때 행복해지는지를 고려한다. 그런 행복의 순간은 언제일까? 인간은 어떤 일을 스스로 이루어낼 때, 인생의 힘겨운 상황을 이겨낼 때, 깨어있는 상태에서 자신과 합일을 이룰 때 행복하다. 바로 이것이 행복을 위해서 가장 중요한 세 가지 기반이다.

 **'나는 의미 있는 존재'라는 행복**

아이들은 제일 먼저 자기의 창의적이거나 분석적인 능력을 발견하고 이용할 수 있을 때, 자신이 의미 있는 존재이며 스스로 어떤 일을 이루어낸다고 느낀다. 이때 아이들은 이런저런 일들을 실험하고 연구해볼 수 있어야 한다. 무엇보다도 그들에겐 실수가 허용되어야 한다. 그러니까 어느 날 여러분 따님이 키우는 달팽이들이 우리에서 탈출했다고 상상해 보자. 이 끈적끈적한 녀석들이 줄을 지어서 부엌 벽을 기어 다니면서 길고 가는 은빛 흔적을 남겼을 때, 여러분은 화내기보다는 딸의 새로운 생물학적 호기심에 대해 기뻐하는 것이 좋다. 여러분 아이는 오로지 자기가 직접 해봐야만 정말로 실현할 수 있는 꿈과 소망과 아이디어는 어떤 것인지, 실현할 수 없는 꿈과 소망과 아이디어는 어떤 것인지, 배우기 때문이다.

또한 아이가 자기가 하는 일이 자신과 타인에게 좋은 일인지 알수 있으려면 우리 어른들의 반응이 필요하다. 이런 의미에서 행복 가르침은 책임감 있는 자기결정 교육이기도 하다. 나는 자기실현이라는 표현은 오해를 불러올 수 있기 때문에 굳이 자기결정이라고 표현했다. 자기결정을 통해 독자적 결정을 내리고 자기 삶을 계획한다는 것은, 언제 어디서에서나 자신의 자아를 중심에 놓고 다른 사람을 배려하지 않고 자기 욕구를 실현하는 것이랑 다르기 때문이다. 그러니까 이를테면 어린 음악가가 지하실에서 타악기를 연습할 시간을 합의하여 지킴으로써 그 집의 다른 거주자들을 괴롭히지 않는 일, 혹은 다음날 시험이 있을 때 저녁 귀가 시간을 확고하게 정하는 일 등은 의미가 있다.

행복 가르침은 아이가 하는 일은 모두 좋다고 하거나 아이와의 갈등을 피하고자 뒤로 물러나는 일이 아니다. 오히려 어른들이 자기의 욕구를 표현하는 것도 좋은 일이다. 그것은 어른 자신에게 이익이 되기 때문이기도 하지만, 또한 아이가 자기 자신과 다른 사람에게 피해를 주지 않도록 자기 행동의 한계를 철저히 알아야 하기 때문이기도 하다.

 **삶의 우여곡절은 곧 도전**

아이가 어려운 상황도 극복할 수 있는 능력을 가지게 하려면,

모든 사람의 삶에는 오르막길과 내리막길이 있고 행복한 순간과 덜 행복한 순간이 있음을 깨닫게 해야 한다. 또 이것을 깨닫기 위해서는, 인간의 삶을 이루는 것들에 대해 이해해야 하고, 누구나 인생을 살아가면서 스스로 어떤 행동을 하건 하지 않건 간에 무수하게 다양한 상황에 빠져들 수 있음을 인식해야 한다. 이러한 인식이 있어야 고난을 도전으로 받아들이려는 의지, 다시 말해 단지 어려움을 근근이 견디거나 체념하는 것이 아니라 능동적으로 이겨내려는 의지가 생겨난다. 여기에서 중요한 것은 어떤 일과 씨름하고 이를 성찰하고 스스로 자신의 대안을 전개하는 능력이다. 학교에 대한 커다란 두려움에 시달리던 초등학생 도미니크를 생각해 보자. 부모가 그 상황에 대해서 아이와 더불어 분석하고, 아이가 선생님에게 편지를 쓰거나 선생님과 조용히 이야기하기를 청하도록 용기를 주었다면, 아마 아이는 선생님과의 갈등을 스스로 해결할 수 있었을 것이다.

삶의 힘겨운 상황을 극복하기 위해서는 또한 그 일의 의미를 상대화하여 좀 더 큰 맥락 안에 두어보아야 한다. 코르넬리우스가 〈독일이 찾는 슈퍼스타〉에서 탈락한 것은 정말 그렇게 심각한 일이었을까? 그런 순간에 아이들이 다시 싱싱하게 용기를 얻고 새 출발을 하려면 특히 부모와 친구와 교사의 지원이 필요하다. 이렇게 새로이 출발할 수 있다면 어떤 중요한 일을 이루어냈을 때와 같은 행복감이 아이들을 휩싸게 된다.

**자기 자신과 하나 되고 세상과 하나 되기**

아이는 무아지경에서 놀이, 일, 사람 등에 몰두한다든지 자연과 합일을 느낄 때에도 행복감을 느낀다. 아이는 깨어있는 법, 그러니까 자기 자신과 주변 사람과 주변 환경에 대해 주의하고 존중하고 관찰하는 법을 배우면, 이를 통해 지각의 스펙트럼을 확장하고 행복 능력을 높일 수 있다.

아이에게 그저 무아지경의 '몰입' 체험을 하라고 해서 그대로 되는 것은 아니다. 하지만 부모와 교사들이 모든 연령의 아이에게 그러한 몰입 체험을 하기 쉬운 기회를 만들어 줄 수는 있다. 크레파스로 단순한 그림을 그리거나, 요가 강좌에서 명상을 하거나, 종교적 체험에서 신체와 정신과 영혼이 우주와 합일되는 것을 경험하는 데에 이르기까지, 그런 기회는 다양하다.

아동과 청소년에게 주의력과 집중력을 점점 더 요구하는 이 세상에서 우리는 아이들이 중간 중간 마음을 늦추고 긴장을 풀고 마음의 고요함을 찾도록 도와야 한다.

 **행복, 강요할 순 없다**

아이들은 행복한 어린 시절을 보낼 권리를 가진다. 이 말에는 아이들이 성공하는 삶을 위해 어떤 일은 좋고 어떤 일은 나쁜지 겪어 볼 권리를 가진다는 의미도 담겨있다. 그러므로 자극이 범람하는 이 정보사회에서 아이들은 스스로를 보호하기 위해서라도 중요하지 않은 것에서 중요한 것을 가려내는 법을 배워야 한다. 텔레비전 프로를 모조리 보아야 하는 것은 아니고 문자나 메일에 빠짐없이 답해야 하는 것도 아니지 않은가.

또한 아이들은 자기가 추구하는 목표가 스스로를 위해 정말 의미를 지니는지도 찾아내야 한다. 그저 부모가 아이의 중간 정도 성적에는 직성이 풀리지 않기 때문에 아이가 여러 과목에서 억지로 과외를 받아야 한다면, 아이 자신의 학습이나 학교에 대한 자세에 장기적으로 후유증이 남을 수 있다. 자기가 보람 있다고 느끼는 여가 시간을 잃어버리고 오로지 책벌레가 되기를 강요받는다면 아이들은 불쾌한 느낌을 가지게 되고 학력 신장에도 저해가 된다.

아이는 자신이 어떤 일을 만들어낸 당사자라고 느낄 때, 자기 힘으로 커다란 공동체에 무언가 이바지한다고 느낄 때, 그리고 몸과 마음의 시험을 이겨내어 자랑스러움을 느낄 때, 행복하다. 이러한 행복감은 일종의 내적 보상이며, 의무 충족이나 복종에서 부수적으로 생겨나는 기쁨보다는 훨씬 큰 것이다. 물론 괴로운 굴종에 대한 보상으로 안전과 인정이 주어지기도 한다. 예를 들어 우린 종종 이렇게 말하지 않는가? "참 장하게도 잘 했네.", "너 착한 애로구나.", "귀여운 계집애야." 이런 말은 비록 아이가 감사와 아늑함을 느끼게 하지만, 이와 더불어 의존 관계가 생겨나고 총애를 잃을지 모른다는 불안이 생겨난다. 이런 불안은 자신감과 책임감의 발전을 저해한다.

아이는 짓누르고 잡아 늘리고 깔아뭉개서 이 사회의 '쓸모 있는' 구성원으로 만들 수 있는 찰흙 덩어리가 아니다. 지난 시대의 음울한 교육학은 가혹한 엄격함을 통해 아이의 의지를 무너뜨리고 아이가 권위에 복종하게 만드는 것을 목표로 했다. 천만다행으로 우리는 이러한 교육학에서 벗어났다. 그런 교육은 아이를 행복하게 만드는 것이 아니라, 남에게 의존하게 만들고 환멸로 이끌며, 이 환멸은 다시 공격성으로 폭발한다. 나치의 탄압으로 1933년 독일을 떠나 미국에서 교수로 활동했던 심리학자 쿠어트 레빈(Kurt Lewin)이 이러한 연관 관계를 입증해냈다. 10~12세 아동을 대상으로 한 실험에서 권위주의적 교육 방식이 공격성을 촉발한다는 사실을 확인한 것이다. 실험에 참가한 아이들은 일주일에 한 번씩 모여서 공작 수업을 받았다. 성인인 그룹 지도자가 전체 책임을 맡아서 과제를 나눠주고 작업과정을 정하고 그 결과를 평가하면서 칭찬하거나 질책했다. 얼마 지나지 않아 아이들은 서로에 대해 잔뜩 억눌린 적대감이나 공공연한 공격성을 드러냈다. 대조 집단들과 비교할 때, 이 실험 집단의 아이들은 자발성이 부족했고 창의력도 별로 없었다. 그리고 이 아이들은 언어적으로도 '나'라는 표현을 쓰는 경향이 강했다.[22] 나 자신의 학창시절을 돌이켜볼 때면, 교사에게 처벌이나 수모를 당한 학생들이 의자 아래로 다른 학생에게 냅다 발길질을 함으로써 그 수치에 대한 분풀이를 하던 일이 아직도 선명하게 기억난다.

그리고 70년도 더 지난 지금에 와서도 몇몇 꽉 막힌 사람들은 또다시 아이들을 꼬마 '폭군들'이라느니 '놀기 좋아하는 이기주의자들' 혹은 '교묘한 모략가들'이라고 부르면서 이들을 사회에 적응시키려면 규율이 필요하다고 노래를 부른다. 그러나 엄격한 규율과 금지를 통해 전통적 가치를 전달하는 일은, 아무리 우리에게 비상구를 줄 수 있을 것처럼 보이더라도 결코 성공할 수 없다. 무엇이 옳고 그른지를 시장이 정하는 이 세상에서, 정직한 사람이 가령 세법의 구멍들을 모른다고 바보 취급당하는 이런 세상에서, 아이들더러 신중함, 정직함, 정의감 같은 미덕이 추구해야 할 가치임을 납득시키기는 어렵다. 하물며 아이들에게 이런 가치를 억지로 주입시키려는 것은 전혀 도움이 안 된다. 이보다는 우리 어른들은 아이들에게 이런 덕목이 필요한 공동 활동에서 생겨나는 행복한 순간을 체험할 기회를 마련해주어야 한다. 예를 들어 집에서 요리를 같이해서 먹는 일은 어떨까. 또한 학급 단위로 공공 프로젝트나 체육행사에 참여하는 일처럼 조금 더 큰 규모의 기획을 해도 아이들의 이러한 가치판단을 지원할 수 있다. 중요한 것은 모든 아이가 능동적으로 책임감을 지니고 참여할 수 있고, 모든 아이가 공동의 어려움을 극복하는 데 기여하는 것이며, 모든 아이가 충분히 존중받는 일이다.

그러한 행복의 순간을 만들어내는 일은 개인의 인성을 강화할 뿐 아니라 전체 세대에도 도움이 될 것이다. 다양한 연구 결과를 보면, 몸과 마음에 있어 행복을 느끼는 아이들이 더 빨리 배우고, 자신과 다른 학생에 대해 더 주의를 기울이며, 더 용감하고, 더욱 정의를 보람 있고 기분 좋은 일로 여긴다는 사실이 누차 입증되었다. 또한 이런 아이들은 그릇되거나 이룰 수 없는 목표를 사냥하러 나서는 일이 드물며, 행복을 아득한 미래의 추상적인 목표로만 여기는 것이 아니라 각각의 행동이나 상황이 낳는 긍정적인 부수 현상으로 생각하게 된다.

행복을 체험할 다양한 가능성은 그야말로 무궁무진하다. 그것은 다른 사람에게 주는 소소한 깜짝 선물에서부터 위대한 사랑이나 직업에서의 성취에까지 이른다. 행복을 주는 근거는 무엇보다도 의미 있는 행동으로부터 나오고 삶이 정말로 성공할 수 있다는 어느 정도의 낙관주의에서 나온다.

# 아이의 행복을 위해 뭘 할수 있을까

 **낙관적인 기본자세를 북돋우자**

먹고 마시기가 몸의 기본욕구인 것과 마찬가지로, 낙관주의는 마음의 기본욕구이다. 스스로를 믿고 자신이 하는 일이 이루어질 것이라고 생각하는 아이는 늘 자신감을 잃지 않고 심리적 균형을 유지한다.

부모와 교사가 아동과 청소년의 낙천적 기본자세를 키워주기 위해서는 어떻게 해야 하는가? 스스로 낙천적 자세를 지님으로써 아이에게 설득력을 갖추어야 하고, 아이를 격려하여 안정감을 주어야 한다. 이 뿐 아니라 성공 체험들을 통해서 기존의 부정적인 믿음이나 비관적 태도를 긍정적 자세로 변화시키는 데 도움을 줄 수 있다. 가령 행복수업에서 했던 어떤 믿음 훈련을 떠올려 본다. 이 훈련은 자기가 "루저"이고 외톨이라고 느끼는 어느 과체중 아이를 친구들이 함께 들어서 나르고 또 이 아이가 위에서 떨어질 때 받아주는 것이다. 아이가 친구들 가운데 하나라는 경험, 그리고 친구들이 아이의 행복에 대해 책임을 느낀다는 경험은 그 아이가 집단에 대한 신뢰와 자신에 대한 믿음을 튼튼하게 만들었다. 또한 아이가 앞으로 자기 목표를 더욱 결연하게 추구하도록 용기를 북돋아주었다. 이런 일은 그저 잔이 반쯤 비어있다는 생각을 반쯤 차있다는 생각으로 바꾸는 것 이상의 의미를 지닌다. 이는 긍정적인 핵심 체험들에서 새로운 좋은 경험들이 나온다는 하나의 사례이다.

 **인내심과 여유를 가르치자**

대부분의 부모가 지금 자식이 몸이나 마음이나 행복하기를 간절히 원하는 것은 당연하다. 꼬옥 껴안아주거나 애무하거나 소소한 선물을 주는 일은 즉각 효과를 나타낸다. 행복감이 아이를 휩싼다. 아이는 활짝 웃는다. 그리고 이 웃음은 다시 부모를 행복하게 만든다.

그러나 성공하는 인생을 준비하려면 앞날의 행복을 위해 한 순간의 환희를 잠시 미뤄두는 능력도 필요하다. 아이들은 기다리는 법을 배워야 한다. 오래 차를 타고 가면서 5분마다 뒷좌석에서 "언제 도착해요?"라고 외치지 않아야 한다. 그러므로 행복 가르침에서는 언제나 여유를 가르쳐야 하고 무엇보다도 인내심을 가르쳐야 한다. ⇧

퍼마켓 계산대 앞에서 떼쓰는 아이에게 "초콜릿은 안 돼. 내려놓거라."고 말하는 순간, 아이가 화를 못 이겨 종내 분노 발작을 일으키는 일을 겪어본 부모라면 무슨 말인지 알 것이다. 그런 상황에서는 부모 자신이 느긋해져야 하고, 단것에 대한 아이의 욕구를 언제나 곧바로 만족시켜주어서는 안 된다. 계산대에서의 그 야단법석은 얼마 지나지 않아 제풀에 누그러지기 때문이다. 물론 무슨 물건이라도 마음만 먹으면 대개 언제라도 살 수 있는 이런 세상에서는, 이러한 교육이 알다시피 부모에게 힘겨운 도전이 아닐 수 없다.

느긋할지 초조할지는 상황에 대한 평가에 달려있다. 아이는 어떤 것을 놓치고 있다고 느끼면 금세 인내심을 잃는다. 이에 비해 놀이이건 독서이건, 혹은 어떤 사람의 말을 귀 기울여 듣는 일이건 간에, 그 순간의 행동에 완전히 몰두하는 법을 배우기만 한다면, 아이의 집중력이 높아질 뿐 아니라 아이는 더 느긋해진다.

행복수업에서는 아이들이 참을 수 있거나 참을 수 없는 상황들에 대해 성찰해볼 수 있다. 아이들은 이를 통해 한 순간 참고 기다리는 일이 사실 그렇게 어려운 일이 아니란 사실, 그리고 나중에 보면 기다림이 보람 있는 일로 나타나기까지 한다는 사실을 깨달을 수 있다. 이런 기회에는 또한 주의를 기울여서 의식적으로 호흡을 하거나 근육이완을 함으로써 마음을 진정시키는 기술도 전달할 수 있을 것이다.

## 일상의 기쁨을 일깨우자

행복한 희열이란 파란만장한 우리 삶을 장식하는 생크림 같은 것임을 아이들은 배워야 한다. 진정 행복한 순간이 단지 짧은 시간 동안만 유지된다는 것은 자연의 법칙 같은 것이다. 그리고 그게 뭐 그렇게까지 나쁜 일은 아니다. 행복감에 도취되면 조심성을 잃고 경솔하게 행동하는 경향이 있기 때문이다. 신중하고 때로는 회의적이기도 한 태도를 가진다면 멍청한 짓을 하지 않을 수 있다. 그러므로 그런 태도는 생존을 위해 필요하다. 생각해보라, 환희에 젖어있는 외과의사더러 자기 몸에 칼을 대게 하거나 희열에 몸을 맡긴 조종사가 모는 비행기를 타고 싶은 사람이 있을까?

또한 우리 기분에 기복이 없으면 의욕이나 충동도 없으리라. 노력할 가치가 있는 일이 없을 것이기 때문이다. 게다가 참으로 행복한 순간에 대한 감수성도 잃을 것임에 틀림없다. 모든 일이 마치 "죽"처럼 뒤범벅이어서 구별되지 않는다면, 정말 행복한 순간 같은 것이 존재할까?

그러므로 우리는 아이가 그리 별다를 것 없어 보이는 무덤덤한 일상에서 기쁨을 찾도록 지도해야 한다. 그리고 삶이 아이에게 선물하는 소소한 경이들을 아이 눈이 놓치지 않도록 훈련시켜 주어야 한다. 어쩌다가 할아버지 할머니를 만나거나 친구를 만나는 일로도 행복하지 못할 까닭이 없다. 또한 이런저런 좋은 일을 하는 것도 일상에서 행복을 준다. 할머니가 버스에 오를 때 조금 부축해 드리거나 자리를 양보해드릴 때 그 할머니의 감사의 미소는 예민한 아이에게 환희를 불러일으킨다. 심리학자들은 이런 환희를 "헬퍼스 하이(Helper's High)"라고 부른다. 그리고 보행이 불편하신 그 할머니도 기분이 좋을 것이다. 도움에 대해 감사하는 일도 행복감을 주기 때문이다. 게다가 우리가 가진 정의감은 그런 이타적 행동에 대해 뿌듯함이라는 보상을 준다.

 **위기는 건설적으로 극복하도록**

또한 아이들은 위기가 인생에서 빠지지 않는 요소임을 이해하는 법을 배워야 한다. "위기에서 창조가 나온다."라는 말이 있지 않은가. 위기가 없었다면 숱한 예술가들이 자기 안에서 참신한 창조적 잠재력을 발견할 수 없었으리라.

부모와 교사는 아이가 실패를 겪더라도 자기는 어떤 경우이든 결국 무능력하다고 해석하지 않도록 도울 수 있다. 어떤 시도가 실패하더라도 새로운 시도를 도전으로 받아들일 수 있으려면, 아이는 자기 장점을 알고 있어야 하고, 목표가 이루어질 것에 대해 기대감을 가져야 한다. 그처럼 실패를 했을 때는, 부모의 애정이 단지 성적 때문이 아님을 보여주는 일, 부모가 아이의 목표에 대한 기대감을 공유하는 일, 아이가 예전에 성공적으로 극복한 도전들을 상기시키는 일이 큰 도움이 된다.

인생을 살아가다 보면, 가령 중요한 시험이나 시합 준비와 같은 힘든 시기를 이겨내기 위해 정말 큰 노력을 기울여야 하는 상황이 나타나곤 한다. 하지만 그렇다고 해서 꼭 삶의 즐거움이 희생되어야 하는 것은 아니다. 아니, 외려 그 반대로, 어려운 과제를 이룩하는 것 자체가 만족감을 가져오고 자의식을 강화해준다. 부모는 아이가 이처럼 중요한 버텨내는 능력을 가지도록 지원할 수 있다. 그러려면 부모 스스로가 아이 눈앞에서 길게 호흡하는 법을 보여주고 또 장기적 목표를 이룰 때 얼마나 만족스러운지 보여주어야 한다. 또한 아이가 노력을 기울일 때 아낌없이 칭찬하는 일도 그 못지않게 중요하다.

## 책임을 넘겨주자

아이들은 실제 상황에서 어떤 일을 해보고 이에 대한 책임을 넘겨받아봐야만 어려운 과제를 극복하는 법을 배운다. 이때엔 아이가 이 과제를 부분적으로든 완전하게든 이루어내는 능력을 어른이 신뢰해주는 일이 중요하다. 아이가 그 책임이 자기에게 겉으로만 주어졌을 뿐 실제로는 여전히 어른이 책임을 지고 있다고 느낀다면, 아이로서는 정말 노력을 기울일 가치가 없다. 그렇게 되면 아이는 성공을 이루더라도 이를 즐길 수도 없다. 자기 생각에는 어차피 자기가 이룬 일이 아니니까 말이다. 아이가 강아지나 기니피그를 애타게 원해서 얻긴 했지만, 막상 얼마 지나지 않아 부모가 도맡아서 그 애완동물을 돌본다면 아이가 자기에게 정말 책임이 맡겨져 있다고 느끼기 어렵다. 그러면 아이는 애완동물을 정성껏 돌보았을 때 이 동물이 나타내는 감사 때문에 기쁨을 맛볼 수도 없다.

그런데 책임을 넘겨받는 법을 배우려면 바로 이런 경험이 필요하다. 물론 적지 않은 일들은 언뜻 보기에 아이에게 지나친 부담이므로 아이에게 책임을 주기가 쉬운 일은 아니지만, 그래도 아이는 이런 경험을 가져보아야 한다. 우리 집의 어린 딸이 처음 유모차를 타고 바깥으로 나가던 날, 일곱 살 먹은 개 언니가 자기 혼자 유모차를 밀고 길모퉁이를 돌아서 가겠다고 하던 그 순간을 생생하게 기억한다. 우리는 아이를 믿었다. 물론 흥분해서 숨을 못 쉴 지경이었고 유모차가 다시 길모퉁이를 돌아서 나타났을 때 뛸 듯이 기쁘기는 했지만.

 ## 신뢰를 주고 자신감을 북돋우자

행복을 가르치는 일은 수많은 조그만 모자이크 조각들로 이루어진다. 그 작은 조각 하나하나가 미래를 위해 중대한 의의를 가질 수 있다. 처음에 그저 작은 불꽃을 붙여주기만 하면, 무엇인가가 움직이기 시작하고 마침내 더 이상 멈출 수 없게 되는 경우도 많다. 마치 독일어 선생님이 내게 책을 주시며 적어준 그 짧은 글처럼. 그 글은 내가 그전에는 감히 생각도 못했던 길로 갈 수 있도록 용기를 불어넣어 주었던 것이다.

어떤 결과가 나타날지 확실하지 않은 일을 감행한다든지, 제힘으로 어떤 일을 발견해내고 세상을 스스로 정복하는 일은 아이들의 천부적인 호기심에 부응한다. 여기에는 용기가 필요한데, 이를 위해서는 아이가 자기 장점들을 신뢰해야 한다. 우리가 아이의 이러한 믿음을 강화시키려면, 우리 스스로 아이를 믿고 아이가 그 일을 이루어낼 것을 믿고 있음을 보여주어야 한다.

이따금 아이의 장점은 이른바 단점 뒤에 숨어있어 잘 보이지 않는다. 아이들은 다양한 소질을 지니고 있다. 어떤 아이는 조금 더 능동적이고 외향적이며, 다른 아이는 조금 더 소극적이고 내성적이다. 내성적인 아이는 수업시간에 온갖 물음에 대해 수시로 손을 치켜들고 대답을 내놓지는 않는다. 그래서 어쩌면 이 아이는 이것이 자기 결점이라고 생각할지도 모른다. 그런 아이에게 앞으로는 그렇지 않게 될 것이라고 충고하는 것은 그리 도움이 안 된다. 이보다는 어른은 도리어 아이가 자기의 그러한 '약점' 을 장점으로 재해석하도록 도와줘야 한다. 가령 어른은 그러한 신중함이 아이의 특징임을 설명하고 이처럼 무슨 말이고 떠벌이지 않는 것이 장점일 수도 있는 상황을 체험시켜주는 것이다.

도전에 맞선다는 것은 기성旣成의 해답을 그저 복사해오는 것이 아니다. 그것은 스스로 길을 나서는 것이고 자기의 해법을 시험해보는 것이다. 이럴 때 나타나는 걸림돌을 극복하려면 아이는 무엇보다도 자신의 가능성에 대한 믿음이 있어야 한다. 자신감은 보호받고 있다는 든든한 느낌에서 생겨나기도 하지만, 다른 한편 자기 힘으로 장애물을 극복했던 경험에서 생겨나기도 한다. 그때 어른이 도움을 주는 것도 필요하다. 체육시간에 처음으로 뜀틀을 뛰어넘을 때에는 도와주어야 다치지 않는다. 아이는 자기 장점을 믿을 수 있어야 하고 마음의 균형감을 찾아야 한다. 여기서 부모는 산파와 같다. 부모는 어린이 자전거의 보조 바퀴마냥 계속해서 아이가 균형감을 찾는 데 방해가 되지 않으려면, 아이를 적절한 때에 놓아주어야 한다.

 **잠재력을 들깨우자**

어린이들은 사적 영역이나 학교에서 여러 차례 실패를 겪는다. 독일이 찾는 슈퍼스타에서 탈락한 코르넬리우스처럼. 그럴 때 우리 어른들은 단지 위로에 그쳐서는 안 된다. 그처럼 연민을 보이면 단기적으로 수치심을 완화시킬 수는 있다. 하지만 이보다 훨씬 더 중요한 일은 아동과 청소년이 저 앞을 내다보도록 격려하고 이전에 성공했던 경험을 가급적 생생하게 떠올리게 하는 것이다. 행복수업에서는 일단 언어를 통해 전달한 내용을 심리적으로 지원하는 기법들을 투입했다. 여러 사례에서 이런 방법은 불쾌한 경험에서 벗어나게 하는 효과를 나타냈다. 잠깐 동안 상상의 나래를 펼치거나, 풀지 못할 것 같은 문제의 해법을 그림으로 그려보거나, 아니면 그저 단순히 이완 훈련을 해도 좋다. 이런 기법은 모두 아이의 신뢰와 자신감을 강화하고 내적 잠재력을 활성화하여 다시 시도하기 위한 에너지를 모으려는 것이다. 스타디움의 높이뛰기 선수가 세 번째 시도를 하기 전에 관중에게 다시 한 번 힘차게 박수를 쳐달라고 요청하는 것처럼, 아이들이 위기에 빠졌을 때도 단지 위로의 말이 아니라 아이가 생생하게 느낄 수 있도록 '어깨 두드려 주기'가 필요하다. 가령 아이들과 마주 앉아서 왜 다음에는 꼭 성공할 것인지를 곰곰이 궁리해보는 것은 어떨까.

그러나 무언가를 반복하는 것이 언제나 가능한 것은 아니다. 이미 두 번이나 낙제한 아이는 그 학년을 되풀이하지 못하고 학교를 떠나야 한다. 그럴 땐 아이가 실패했던 원인을 찾도록 도와주면 아이가 새롭게 시작하는 데 큰 힘이 된다. 아이는 지나치게 스트레스를 받고 있지 않을까? 너무 게으르거나 다른 일들 때문에 산만한가? 아니면 불운한 상황이 연신 일어났기 때문인가? 자기 상황을 이해하고 새로이 용기를 얻으려면 이렇게 자문해 보는 것도 좋다. 내 앞에는 이전에 생각하지 못했던 어떤 전망들이 있을까? 과거의 어떤 긍정적 체험들을 활용할 수 있을까? 코르넬리우스에게는 한편으로는 가창력을 다듬는 일, 그리고 다른 길을 통해 그 목표를 이룰 수 있도록 학교를 졸업해야겠다는 전망이 도움이 되었다. 다른 한편 그 길고 긴 캐스팅 이전에 친구들과 보냈던 느긋한 시간들을 떠올리면서 새로운 용기를 얻었다.

기분 좋은 기억들은 의식적으로 불러낼 수 있다. 이때 사진이나 낯익은 물건들이 특히 요긴하다. 이런 물건은 우리의 감정을 곧바로 건드리기 때문이다. 가족 앨범, 집을 뒤져 찾아낸 장난감이나 낡은 곰 인형은 어린 시절의 좋았던 일들로 시간여행을 보내주고 아늑한 느낌을 주며 새 출발을 위해 힘을 낼 수 있게 한다.

몸이나 마음에 있어 힘겨운 학대를 겪었거나 젤린처럼 성폭력을 겪은 아이들은 집중적이고 지속적인 지원이 필요하다. 부모를 비롯하여 아이가 신뢰하는 사람들이 거기에 든든하게 있어야 하고 아이가 원할 때 대화할 수 있어야 한다. 그럴 때 조심성 없게 혹은 수치심 때문에 눈을 질끈 감아버리는 사람은, 아이의 마음을 치유하고 행복 능력을 키워줄 중요한 기회를 놓치는 것이다.

폭력 희생자들은(재활병원에서 만났던, 외상을 지닌 중환자들처럼) 자기 고통을 다양한 인생 경험의 일부로 이해하고 이러한 고통스러운 경험을 극복할 때 자신이 강해진다는 사실을 배워야 한다. 또 그건 배울 수 있다. 아이들은 특히 성폭력의 경우에는 그 일의 책임을 자기 자신에게 돌리는 경향이 있다. 우리는 아이가 이런 죄책감에서 벗어나 새로운 의미를 찾을 수 있도록 아이를 돌보고 이해하고 새로운 긍정적 경험을 하도록 해주어야 한다.

## 약속은 꼭 지키도록

특히 사춘기에는 청소년과 부모 사이에 자주 갈등이 일어난다. 그러면 아이는 부모로부터 점점 거리를 두고 부모가 자기 삶에 참견하지 않기를 원하게 된다. 한마디로 부모 생각과 아이 생각은 너무 달라진다. 이런 일은 아이의 장기적인 인생 목표와 태도 뿐 아니라 '좋은' 친구나 옷을 고르는 문제에서도 나타난다. 물론 이런 일은 예로부터 있어왔다고 말할 수는 있지만, 그래도 간단한 문제가 아니다. 가령 소크라테스도 이렇게 말했단다. "요새 애들은 사치스러운 것을 좋아해. 예의가 없고 권위를 무시하고 노인 공경할 줄 모르고 일해야 할 때 떠들어댄다니까."

그러나 이처럼 힘겨운 갈등은 아이들에게 교훈을 전달하는 좋은 기회이기도 하다. 논리적 생각을 통해 주관적 의견과 객관적 사태를 어떻게 구별하는가를, 그리고 타협이 얼마나 중요한가를, 스스로 본보기를 보여서 전달할 수 있는 기회인 것이다. 가령 아이는 가사일이나 정원 일에서 무언가 하기로 했으면서도 지금 어떤 '중요한 일'을 하고 있다거나 그저 어른이 너그럽게 잊어주기를 기대하면서 그 의무를 뒤로 미루곤 한다. 그러면 그 일이 저절로 될 리는 만무하니까 고스란히 그대로 남게 되고, 그래서 종종 다툼이 일어난다. 이런 상황에서는 타협을 할 수 있다. "같이 하면 더 빠르겠지? 그러니까 네가 친구들하고 약속에 늦지 않도록 내가 도와줄게. 그 대신 오늘 저녁에 식사 준비할 때 도와줘야 해. 텔레비전 보지 말고." 그러한 타협은 가정의 단합을 촉진하고 아이가 어떤 일을 좀 더 미덥게 행하도록 만든다. 나아가 함께 일을 하면서 중요한 문제에 대해 이야기를 나눌 기회를 주는 부수적인 효과도 있다.

물론 가정 내의 모든 기존 규칙들에 대해 늘 새로 협상을 하라거나 늘 새로 타협점을 찾으라는 말은 아니다. 아이에게는 확고한 규칙들이 있어야 한다. 그래야 아이도 어른들을 '예측할 수 있게' 되고, 방향 설정을 위한 토대를 얻고 든든함을 느낀다. 규칙을 받아들이고 그걸 지키기 쉽게 하려면 긍정적 표현으로 만들어야 한다. 그러나 보다 결정적인 점은 규칙 위반이 어떤 결과를 가져올지 예측할 수 있고 이해할 수 있어야 한다는 것이다. "네가 제때 집에 와서 나를 돕지 않으면, 나도 내일 네 자전거 수리 맡기러 안갈 거야. 그럴 시간이 없어질 테니까."

규칙을 따를 때 격려하는 것이 규칙을 어길 때 벌을 주는 것보다 더 효과가 크다. 그러므로 우리는 아이가 어떤 일을 했을 때 고마움을 나타내야 하고 아이에게 거북할 어떤 규칙을 지켰을 때 칭찬을 아끼지 말아야 한다. 때로는 이런 일이 정말 기적을 일으킬 수도 있다.

## 의례를 통해 유대감을 강화하자

우리가 살고 있는 이 복잡하고 번잡한 세상에서 이해하기 어려운 예외적 사건들을 아이들이 뚜렷하게 지각하고 처리하려면, 의례란 것이 꼭 필요하다. 또한 옛날부터 의례는 공동체를 강화하는 행동방식을 연습하는 데 특히 적절했다. 여기엔 다양한 방법이 있다. 모두 빠짐없이 식탁 앞에 앉아 각자 접시를 받은 다음에야 같이 시작하는 공동 식사, 다른 사람의 말을 끊지 않는 대화, 텔레비전 대신 함께 여가를 보내는 일요일 등이 그런 것들이다. 학교에서는 말끔하게 닦은 칠판이 수업시간의 시작과 끝을 나타낸다. 하교할 때 자리를 깨끗하게 치워두는 것은 청소하시는 분들에 대한 존경심의 표현이다. 그리고 학예회나 축구 대회는 그 학년의 끝을 알린다.

입학식처럼 어린이의 성장과 관련된 사건을 축하하는 것은 특별한 형태의 의례이다. 이런 기념식이나 파티는 인생의 한 단계가 끝나고 다른 단계가 시작됨을 표시할 뿐 아니라, 아이들이 그 특별한 날을 설레는 마음으로 기대하게 한다.

그 밖에도 의례는 아이가 이별, 사별, 부모의 이혼 등을 견디는 데 도움을 준다. 가령 친구의 죽음처럼 비극적 사건이 생기는 경우 큰 효과가 있다. 학교에서 공동으로 추모시간을 가지면 아이들은 아픔을 서로 나눌 기회를 가지고 이 불가해한 사건을 받아들이기가 조금은 쉬워진다. 또한 의례는 아이의 삶에서 이런저런 슬픈 일들을 이겨내는 데에도 도움을 준다. 작은 새의 주검을 엄숙하게 정원에 묻으며 영원한 평안을 빌 수 있다. 아이가 힘든 생각에서 벗어나고 그렇게 벗어나기 이전과 이후를 정서적으로 분리하게 하려면, 그런 생각을 메모지에 쓰고 나서 찢거나 태우거나 묻는 것도 좋다. 어떨 때는 이런 의례를 그저 마음속에 떠올리는 것으로도 충분하다.

행복 가르침에서는 자연과의 만남이 없어서는 안 된다. 자연은 감각을 벼리고 수많은 소소한 행복에 대한 감수성을 예민하게 한다. 우리는 무지개를 보거나 별똥별을 보면 내심 무엇인가 소망한다. 동물을 관찰하거나 식물을 바라보며 경이에 빠진다. 싱싱한 초원을 달리면서 자유로움을 만끽한다. 싱그러운 봄 냄새를 맡거나 새가 지저귀는 소리를 듣는다. 이 세상에 살고 이 세상의 일부인 우리는 그 안에서 행복을 느끼고 싶다. 그러니까 아이들에게 세상의 의미를 전해주려면 교실에서 생물학과 물리학과 화학을 가르치는 것으로는 모자란다. 아이들이 등산이나 짧은 산책을 하면서 자연을 생생하게 피부로 느낀다면, 아마도 2천 년 전 헤라클레이토스가 강둑에 앉아 흐르는 물을 보면서 이 세상의 의미인 로고스를 발견했을 때와 비슷하게 느끼리라. 모든 것이 움직이고 있다는 것, 모든 것이 흐르고 있다는 것을 아이들이 깨닫는다면, 자질구레한 문제들 따위는 잊고 자연과 하나가 된다. 한마디로 말해 더없이 행복해진다. 그것이 나의 희망이다.

많은 사람들이 돕지 않았으면 이 책은 세상에 나오지 못했을 것이다. 충고와 행동으로 도움을 주신 분들의 이름을 혹시 모두 거명하지 못하더라도 너그럽게 용서하시기 바란다.

제일 먼저 "행복수업" 프로젝트를 초기부터 지원해주고 이 책을 위해서도 초석을 놓는 일을 도와주었던 모든 분들에게 사의를 표하고 싶다. 빌리-헬파흐 학교를 이끄는 분들과 선생님들, 그리고 학생들이 바로 그분들이다. 또한 자신의 연구 결과와 경험을 여기 전해도 좋다고 허락해주신 학교 밖의 여러 분들의 관대함과 이해심에 감사드린다. 그렇지 않았다면 이 책의 관점은 학교를 넘어서지 못했을 터이다.

나의 동료 베언하트 마이어(Bernhard Maier)와 베언하트 슈텔린(Bernhard Stehlin), 율슈타인 출판사의 기획 책임자 율리카 예니케(Julika Jaenicke), 편집자 클라우디아 슐로트만(Claudia Schlottmann)의 전문적 도움에도 진심으로 감사드린다. 마지막으로 잔드라 젠틀러(Sandra Sendler)에게 특별히 감사드리고 싶다. 그녀가 늘 참을성 있게 영감을 주고 충고와 건설적 비판을 해주어서, 이 책은 아이디어 단계에서 구체적 구상을 거쳐 정말 빛을 볼 때까지 제 길에서 벗어나지 않을 수 있었다.

**주석**

1 Heike Hölling et al.: *Verhaltensauffälligkeiten bei Kindern und Jugendlichen. Erste Ergebnisse aus dem Kinder- und Jugendgesundheitssurvey*, in: Bundesgesundheitsblatt - Gesundheitsforschung - Gesundheitsschutz, Heft 50, Mai 2007, Seite 784 ff. 다음에 수록: www.springerlink.com/content/42268452u555w5pm

2 www.focus.de/schule/schule/psychologie/schulangst/schulangst_aid_24699.html

3 www.focus.de/schule/schule/unterricht/schulstart/tid-9429/ einschulung-schulangst-schon-vor-schulbeginn-aid-218160.html

4 Eltern unter Druck, S. 13

5 Wilhelm von Humboldt: *Theorie der Bildung des Menschen*, in: Gesammelte Schriften Bd. I, S. 235

6 Ernst Fritz-Schubert: *Schulfach Glück*, S. 175 ff.

7 Randy Pausch: Last Lecture, S. 228

8 *Wissenschaftliche Bestandsaufnahme der Forschung zu 》Wohlbefinden von Eltern und Kindern《*, Monitor Familienforschung, Ausgabe 19, hg. vom Bundesministerium für Familie, Senioren, Frauen und Jugend 2009

9 Elmar Lange: *Kompensatorischer Konsum und Kaufsucht bei Jugendlichen*. Theoretische Grundlagen und empirische Ergebnisse, in: Katholische Landesarbeitsgemeinschaft Kinder- und Jugendschutz Nordrhein-Westfalen e.V. (Hg.): In & Out. Anregungen zur Konsumerziehung in der Kinder- und Jugendarbeit, Münster 1999, S. 11-35

**10** George Loewenstein/Jon Elster: *Choice over Time*, S. 150 f.

**11** 이 실험에 대한 상세한 서술은 다음을 참조. Johann Caspar Rüegg: *Gehirn, Psyche und Körper*, S. 8

**12** 이 연구에 대한 서술은 다음을 참조. Emmy E. Werner: *Wenn Menschen trotz widriger Umstände gedeihen - und was man daraus lernen kann*

**13** 루비콘이라는 은유를 고른 것은 "동기심리학의 근본문제, 즉 한편으로 행동 목표의 선택과 다른 한편으로 이 목표의 실현"을 분석하기 위함이다.(Peter M. Gollwitzer: *Abwägen und Planen*, S. 39)

**14** Randy Pausch: *Last Lecture*, S. 39 ff.

**15** Katharina Zaugg는 자기 철학을 다음에서 설명하고 있다. www.mitenand-putzen.ch

**16** Chesley Sullenberger 인터뷰는 다음을 참조. www.noows.de, 2009.2.9

**17** Boateng 인터뷰 <나의 인생 보고>는 다음을 참조. http://sportbild.bild.de, 2010.2.19

**18** Viktor E. Frankl: *Der Wille zum Sinn*, S. 19

**19** Elisabeth Lukas (Hg.): *Mensch sein heißt Sinn finden*, S. 25

**20** Viktor E. Frankl: *··· trotzdem Ja zum Leben sagen. Ein Psychologie erlebt das Konzentrationslager*

**21** Sonja Lyubomirsky: *Glücklich sein*, S. 31 f.

**22** Kurt Lewin: *Die Lösung sozialer Konflikte*, S. 112-127

참고
문헌

Aaron Antonnovsky: *Salutogenese. Zur Entmystifizierung der Gesundheit*, Tübingen 1997

Rolf Arnold: *Aberglaube Disziplin. Antworten der Pädagogik auf das 》Lob der Disziplin《*, Heidelberg 2007

Rolf Balgo/Holger Lindemann (Hg.): *Theorie und Praxis systemischer Pädagogik*, Heidelberg 2006

Joachim Bauer: *Prinzip Menschlichkeit. Warum wir von Natur aus kooperieren*, Hamburg 2007

Anton Bucher: *Was Kinder glücklich macht. Ein Ratgeber für Eltern*, Kreuzlingen/München 2008

Mihály Csíkszentmihályi: *Flow im Beruf. Das Geheimnis des Glücks am Arbeitsplatz*, Stuttgart 2004

Christa Diegelmann: *Trauma und Krise bewältigen*. Psychotherapie mit TRUST, Stuttgart 2007

*Eltern unter Druck. Selbstverständnisse, Befindlichkeiten und Bedürfnisse von Eltern in verschiedenen Lebenswelten.* Eine sozialwissenschaftliche Untersuchung von Sinus Sociovision im Auftrag der Konrad-Adenauer-Stiftung e.V., Bonn 2007, 다음에 수록. www.kas.de/wf/de/33.13023/

Viktor E. Frank: *Der Wille zum Sinn*, 5., erweiterte Auflage, Bern 2005

Viktor E. Frankl: *… trotzdem Ja zum Leben sagen. Ein Psychologie erlebt das Konzentrationslager*, München 1977

Ernst Fritz-Schubert: *Schulfach Glück, Wie ein neues Fach die Schule verändert*, Freiburg I. Br. 2008

Peter M. Gollwitzer: *Abwägen und Planen, Bewusstseinslagen in verschiedenen Handlungsphasen*, Göttingen 1991

Dietmar Hansch: *Erfolgsprinzip Persönlichkeit,* Heidelberg 2006

Heinz Heckhausen: *Motivation und Handeln. Lehrbuch der Motivationspsychologie*, Berlin 1989

Eckart v. Hirschhausen: *Glück kommt selten allein*, Reinbek 2009

Eckart v. Hirschhausen: *Mein Glück kommt selten allein*, Reinbeck 2009

Wilhelm von Humboldt: *Theorie der Bildung des Menschen,* in: *Gesammelte Schriften* Bd. I, Ausgabe der Preußischen Akademie der Wissenschaften, hg. von Albert Leitzmann, Berlin 1903-1936, Nachdruck 1963

Julius Kuhl: *Motivation und Persönlichkeit. Interaktionen psychischer Systeme*, Göttingen 2001

Richard Layard: *Die glückliche Gesellschaft. Was wir aus der Glücksforschung lernen können*, Frankfurt a.M. 2009

LBS-Kinderbarometer Deutschland 2009: *Wir sagen euch mal was. Stimmungen, Trends und Meinungen von Kindern in Deutschland*, Rechlinghausen 2009

Michael Leisinger: *Selbstgesprächsregulation im sportlichen Kontext,* Diplomarbeit an der Ruprecht-Karls-Universität Heidelberg, Institut für Sport und Sportwissenschaft, vorgelegt bei Prof. Dr. Klaus Roth, 2008

Kurt Lewin et al.: *Die Lösung sozialer Konflikte. Ausgewählte Abhandlungen über Gruppendynamik*, Bad Nauheim 1953

George Loewenstein/Jon Elster (Hg.): *Choice over Time*, New York 1992

Elisabeth Lukas (Hg.): *Mensch sein heißt Sinn finden. Hundert Worte von Viktor E. Frankl*, München 2006

Sonja Lyubomirsky: *Glücklich sein. Warum Sie es in der Hand haben, zufrieden zu leben*, Frankfurt a.M. 2008

Randy Pausch/Jeffrey Zaslow: *Last Lecture. Die Lehren meines Lebens*,

München 2008

Jörg Riemeyer: *Die Logotherapie Viktor Frankls und ihre Weiterentwicklungen. Eine Einführung in die sinnorientierte Psychotherapie,* Bern 2007

Johann Caspar Rüegg: *Gehirn, Psyche und Körper. Neurobiologie von Psychosomatik und Psychotherapie,* Stuttgart 2007

Steve de Shazer: *Das Spiel mit Unterschieden. Wie therapeutische Lösungen lösen,* Heidelberg 2006

Steve de Shazer/Yvonne Dolan: *Mehr als ein Wunder. Lösungsfokussierte Kurztherapie heute,* Heidelberg 2008

Dan Short/Claudia Weinspach: *Hoffnung und Resilienz. Therapeutische Strategien von Milton H. Erickson,* Heidelberg 2007

Fritz B. Simon/Christel Rech-Simon: *Zirkuläres Fragen. Systemische Therapie in Fallbeispielen: Ein Lernbuch,* Heidelberg 2007

Maja Storch/Frank Krause: *Selbstmanagement - ressourcenorientiert. Grundlagen und Trainingsmanual für die Arbeit mit dem Zürcher Ressourcen Modell (ZRM),* Bern 2002

Maja Storch/Astrid Riedener: *Ich packs! Selbstmanagement für Jugendliche. Ein Trainingsmanual für die Arbeit mit dem Zürcher Ressourcen Modell,* 2., überarbeitete Auflage, Bern 2006

Bert Unterholzner/Bernd Lohse: *Abitur-Wissen Ethik: Glück und Sinnerfüllung,* Freising 2002

Emmy E. Werner: *Wenn Menschen trotz widriger Umstände gedeihen – und was man daraus lernen kann,* in: Rosmarie Welter-Enderlin/Bruno Hildenbrand (Hg.): *Resilienz – Gedeihen trotz widriger Umstände,* Heidelberg 2008

Corina Wustmann: *Resilienz. Widerstandsfähigkeit von Kindern in Tageseinrichtungen fördern,* Weinheim 2004

## 김태희

서울대학교 철학과를 졸업하고, 독일 본 대학에서 철학, 독문학, 독어학을 공부한 후 철학석사 학위를 받았으며, 서울대학교에서 에드문트 후설의 현상학에 대한 연구로 철학박사 학위를 받았다. 경희대, 서울대, 한신대 등에서 현대 서양사상과 윤리학, 현상학 등을 강의하고 있다. 『축구란 무엇인가』, 『생각없이 살기』, 『괴벨스, 대중 선동의 심리학』, 『생활 속 수학의 기적』, 『자동차의 역사』, 『자원전쟁』, 『시간 추적자들』, 『인간이라는 야수』, 『정당하게 이기기 위한 대화 교본』, 『사회연대의 이론과 실천』, 『젠틀 러닝』 등을 우리말로 옮겼다.

# 행복부터 가르쳐라 Glück kann man lernen

**저자** 에언스트 프리츠-슈베어트 (Ernst Fritz-Schubert)
**역자** 김태희 **감수** 문형남
**책임편집** 구자성
**디자인** 오영진

**초판 인쇄** 2011년 8월 20일
**초판 발행** 2011년 8월 25일

**펴 낸 이** 권기대 **마 케 팅** 배혜진 / 한종문 / 차지현
**펴 낸 곳** 도서출판 베가북스
**출판등록** 제313-2004-000221호

**주 소** (158-861) 서울시 양천구 신정1동 1022-4 신서빌딩 1층
**주문전화** 02) 322-7262 **문의전화** 02) 322-7241 **팩스** 02) 322-7242

ISBN **978-89-92309-41-7 13590**

# 책값은 표지에 있습니다.
# 좋은 책을 만드는 것은 바로 독자 여러분입니다.
베가북스는 독자들의 의견에 항상 귀를 기울입니다.

**블로그** http://blog.naver.com/vegabooks.do
**이메일** vegabooks@naver.com

"내 아이만의 맞춤 영어 솔루션을 제공하다."
화제의 TV 프로그램 '엄마, 영어에 미치다'
드디어 책으로 만나다!

# 엄마, 영어에 미치다

### 스마트 맘의 적기영어프로젝트

채널 스토리온 저/김민진 구성/박신영 감수 | 306쪽 | 2011년 03월 | 15,000원

동시간대 시청률 1위를 기록하며 스토리온에서 방송되어 센세이션을 불러 일으킨 『엄마, 영어에 미치다』를 책으로 엮었다. 아이의 연령이나 환경에 따른 영어 공부의 옵션과 문제점, 아이의 성별 및 성격에 따른 영어 교육의 특성과 선택, 부모와 주변 환경을 고려한 최적의 교육 등, 너무나도 다양한 각도에서 꼼꼼하게 연구-조사하고 해결책을 추구하는 내용이 더할 나위 없이 알차다. 특히 개인적인 경험담이나 수필의 수준을 뛰어넘어, 언어학-교육학-조기교육-소아심리-두뇌개발-유학 등 관련 분야 전문가 100인 의 진단과 솔루션까지 제시하고 있다는 점에서, 다른 유아 · 아동 영어교육 서적과 뚜렷이 차별된다.

**아버지 한 사람이 백 명의 스승보다 낫다.**
**언저리를 맴돌기만 하던 아빠,**
**이제 태교와 육아에 몰입하라!**

## 엄마가 모르는 아빠 효과

### EBS와 공동기획 (부록 : 한눈에 보는 육아 체크리스트)
### 김영훈 | 322쪽 | 2009년 10월 | 15,000원

섬세한 정보력으로 아이를 코치하면서 키우는 게 엄마라면, 큰 그림으로 아이 인생을 바꾸는 건 아빠의 몫. 이 책은 아빠가 아이 두뇌발달을 촉진하는 방법을 구체적─현실적으로 전하기 위해 썼다. 지금까지 가장자리로 물러나있던 아빠를 태교에서 육아까지 적극적으로 참여하게 만들어 '아빠효과'를 극대화하고 행복한 영재를 키우자는 것이다.

이 책은 아빠만이 할 수 있는 육아의 역할, 아빠와 하는 뇌 기반 놀이, 다중지능을 개발하는 아빠효과, 아빠만이 가르칠 수 있는 리더십 등의 주제에 대해 소아청소년과─소아신경과 전문의 김영훈 박사가 EBS와 공동으로 기획하고, 체계적으로 정리하고 연구하여 '아빠만이 아이에게 줄 수 있는 특별한 것'이 무엇인가에 초점을 모았다. 25년간 진료와 연구를 바탕으로 펼쳐지는 아빠효과의 중요성을 이 책에서 만나보자.

0~6세 아이들의 두뇌 발달을 위한 놀라운 발견!
내 아이의 성공을 실현하는 두뇌 발달의 황금 열쇠

## 닥터 김영훈의 영재두뇌 만들기

### 0~6세 아이들의 두뇌 발달을 위한 놀라운 발견

**김영훈 | 343쪽 | 2008년 04월 | 13,000원**

0~6세의 자녀를 둔 부모들에게 아이들의 두뇌발달을 촉진시키기 위해 부모가 해야할 역할을 말해주고, 실제로 무엇을 어떻게 해야하는지 포인트를 짚어주는 책이다. 일상 생활에서 자녀를 어떻게 대해야 하는지까지 구체적으로 다루지만, 그 근거를 뇌 과학에서 가져오는 등 과학적인 정보도 제공하고 있다.

저자는 부모는 아이들이 최초로 만나는 최고의 교사이고, 이 시기는 자녀의 두뇌발달을 촉진할 수 있는 유일한 기회이기에 부모의 역할이 중요하다고 얘기한다. 이러한 인식을 바탕으로 아이들에게 놀이와 학습을 구분하지 않고 적기에 배워야 할 것을 즐겁게 습득할 수 있도록 하라고 조언한다. 그리고 아이들의 오감을 자극하고, 손놀림과 언어습관에 관심을 가지고, 영양공급까지 세심하게 신경쓸 것을 뇌 과학을 근거로 하여 제안한다. 아이들의 두뇌 발달에 관심이 많으면서도, 중요한 시기인만큼 신뢰할 만한 정보를 찾고자 고심을 하였다면 이 책을 통해 보다 과학적인 정보를 접할 수 있을 것이다.

# 부록1 우리 아이의 행복지수 TEST

> 이 체크리스트는 아동들을 대상으로 실시한 '행복에 대한 만족도' 조사에서 행복감이 높은 아동들이 주로 보이는 특성과 행복감이 낮은 아동들이 실천하지 못하고 있는 행동들을 뽑아 구성한 것이다. 이를 통해 부모와 자녀가 개선하고 노력해야 할 영역이 어떤 부분인지를 알 수 있다. '그렇다'라고 생각되는 항목에 체크해보자.

| | 우리 아이는 이런 특성을 보인다 | 그렇다 |
|---|---|---|
| 1 | 스스로 내린 결정을 신뢰할 수 있다. | ☐ |
| 2 | 내가 하는 일에 자신감이 있다. | ☐ |
| 3 | 실패해도 헤쳐 나갈 자신이 있다. | ☐ |
| 4 | 현재 내 삶을 이끌어가는 사람은 나 자신이다. | ☐ |
| 5 | 목표를 달성하기 위해 열심히 노력한다. | ☐ |
| 6 | 앞으로 이루고 싶은 꿈(목적)이 있다. | ☐ |
| 7 | 스스로에게 만족한다. | ☐ |
| 8 | 대부분 긍정적으로 해석한다. | ☐ |
| 9 | 시간 가는지도 모를 만큼 집중하는 일이 있다. | ☐ |
| 10 | 기분이 좋을 때가 자주 있다. | ☐ |
| 11 | 학교성적이 좋다. | ☐ |
| 12 | 부모님 사이가 좋다. | ☐ |
| 13 | 부모님은 나에게 애정을 표현한다. | ☐ |
| 14 | 부모님은 노력을 통해 성취한 부분에 대해 칭찬한다. | ☐ |
| 15 | 우리 집 경제사정은 어려움이 없다. | ☐ |
| 16 | 필요한 것을 사는 데 어려움이 없다. | ☐ |

| **17** | 우리 가족은 주말에는 함께 식사를 한다. | ☐ |
| **18** | 우리 가족은 대화를 많이 나눈다. | ☐ |
| **19** | 우리 가족은 함께 외식을 한다. | ☐ |
| **20** | 부모님께 인정받는다. | ☐ |
| **21** | 부모님께 애정을 표현한다. | ☐ |
| **22** | 우리 가족은 함께 여행 소풍을 간다. | ☐ |
| **23** | 생활이 여유롭다. | ☐ |
| **24** | 잠을 충분히 잔다. | ☐ |
| **25** | 취미를 즐길 시간이 있다. | ☐ |
| **26** | 마음 편히 쉴 수 있는 시간을 가진다. | ☐ |
| **27** | 매우 친한 친구가 있다. | ☐ |
| **28** | 친구들과 함께 보내는 시간이 많다. | ☐ |
| **29** | 친구들과 원만한 관계를 유지하고 있다. | ☐ |
| **30** | 이성친구가 있다. | ☐ |

총점:

## ● 우리 아이의 행복지수 평가

| 20점 이상 | 지금의 생활에 커다란 행복감을 느끼고 있다. |
| --- | --- |
| 15-19점 | 스스로 문제를 인식하고 해결할 수 있는 능력을 키워 현실에서 행복감을 느낄 수 있도록 도움을 준다. |
| 9-14점 | 많은 부분에서 개선이 필요한 수준이므로 자녀의 취약한 부분들이 개선될 수 있도록 부모가 도와줘야 한다. |
| 8점 미만 | 많은 부분에서 개선이 반드시 필요한 수준으로, 청소년 혼자 힘으로는 해결할 수 없는 상태이므로 전문가의 도움이 필요하다. |

# 부록2 우리 가족의 행복지수 TEST

이 체크리스트를 통해 부모와 자녀가 개선하고 노력해야 할 영역이 어떤 부분인지를 알 수 있다. '그렇다'라고 생각되는 항목에 체크해보자.

| | 우리 가족은 이런 특성을 보인다 | 그렇다 |
|---|---|---|
| 1 | 우리 아이가 제일 좋아하는 가수를 알고 있다. | ☐ |
| 2 | 가끔은 남편의 양복 주머니에 사랑의 쪽지를 넣어둔다. | ☐ |
| 3 | 일주일에 하루 정도는 온 가족이 함께 지낸다. | ☐ |
| 4 | 매일 최소한 10분 정도는 귀여운 바보가 된다. | ☐ |
| 5 | 아이들이 나의 어린 시절 이야기를 듣고 싶어하면 자상하게 이야기해준다. | ☐ |
| 6 | 가족과 함께 하는 시간을 갖기 위해 TV를 꺼두기도 한다. | ☐ |
| 7 | 가족을 부를 땐 애칭을 사용한다. | ☐ |
| 8 | 새로 시작한 일이 마음에 들지 않더라도 당장에 그만두기 보다는 조금 시간을 두고 생각한다. | ☐ |
| 9 | 가끔은 학원에 가고 싶지 않다고 돌아온 아이에게 집에서 놀게 허용한다. | ☐ |
| 10 | 때론 나도 꾀병을 부리거나 게으름쟁이가 되어본다. | ☐ |
| 11 | 우리 가족은 나를 재미있는 사람이라고 생각한다. | ☐ |
| 12 | 나는 휴식을 위해 책을 읽는다. | ☐ |
| 13 | 가끔은 가족과 함께 블루스를 춘다. | ☐ |
| 14 | 규칙적으로 운동을 한다. | ☐ |
| 15 | 집에 있는 시간이 편하다. | ☐ |
| 16 | 나쁜 일이 생겨도 긍정적인 생각을 할 수 있다. | ☐ |

**17** 가족이 보는 데서 펑펑 울기도 한다.

**18** 다른 사람에게 욕설을 퍼붓지 않고도 분노의 감정을 표현할 수 있다. ☐

**19** 의견이 충돌할 때 싸우지 않고 타협할 줄 안다. ☐

**20** 배우자와 아이들의 의견을 집안일에 반영한다. ☐

**21** 하루에 한 번 이상은 아이들과 함께 웃는다. ☐

**22** 아이들에게서도 배울 것이 있다고 생각한다. ☐

**23** 일주일에 두 번은 가족이 함께 모여 저녁 식사를 한다. ☐

**24** 아이들에게 뜻밖의 대접을 하거나 상을 준다. ☐

**25** 조그만 일에도 칭찬을 해준다. ☐

**26** 아이들 방은 어수선해도 나쁘지 않다. ☐

**27** 가족에게 '사랑한다'는 말을 자주 한다. ☐

**28** 가족이 나에게 얼마나 소중한 존재인지 자주 말한다. ☐

**29** 어른을 공경한다. ☐

**30** 아기를 보면 미소를 짓는다. ☐

**31** 충고를 하거나 말을 자르지 않고 3분 동안 아이의 말에 귀를 기울일 수 있다. ☐

**32** 아이들 앞에서도 노래를 곧잘 한다. ☐

**33** 아이에게 휘파람부는 법을 가르쳐 주었다. ☐

**34** 문제를 해결할 땐 가벼운 마음으로 한다. ☐

**35** 가족에게 애정 표현을 적극적으로 할 수 있다. ☐

**36** 배우자에게 관심이 많으며 애정 표현을 자주한다. ☐

**37** 집안일을 하면서 노래를 흥얼거린다. ☐

**38** 내가 잘못한 경우에는 가족에게 사과한다. ☐

| | | |
|---|---|---|
| **39** | 짬을 내어 내가 좋아하는 일을 한다. | ☐ |
| **40** | 아이와 함께 재미있는 일을 한다. | ☐ |
| **41** | 가족 사이의 사소한 다툼 정도는 웃으며 가볍게 넘길 수 있다. | ☐ |
| **42** | 소리를 지르지 않고도 단호하게 말할 수 있다. | ☐ |
| **43** | 아이들은 나를 무서워하지 않는다. | ☐ |
| **44** | 자신의 실수를 인정한다. | ☐ |
| **45** | 아이들이 말을 안 들어 참을 수 없을 때도 스스로를 달랠 수 있는 방법이 있다. | ☐ |
| **46** | 나는 열정적이고 명랑하다. | ☐ |
| **47** | 매일 가족과 즐겁게 지낸다. | ☐ |
| **48** | 내 가족은 내가 그들을 1순위로 생각한다는 사실을 알고 있다. | ☐ |
| **49** | 나는 낙천적인 사람이다. | ☐ |
| **50** | 가족에게 험담이나 비난의 말을 하지 않는다. | ☐ |
| **51** | 아이들이 잘하는 일에 관심을 갖는다. | ☐ |
| **52** | 내가 잘하는 일에도 관심을 갖는다. | ☐ |
| **53** | 잠자리에 들기 전 하루 일을 정리하고 다음날 상쾌한 아침을 맞는다. | ☐ |
| **54** | 가족은 나를 긍정적이고 사랑스러운 사람으로 생각한다. | ☐ |
| **55** | 가족과 함께 하는 생활이 마치 내가 좋아하고 신뢰하는 친구들과 함께 사는 것처럼 생각된다. | ☐ |
| **56** | 우리 집은 편안하고 아늑하다. | ☐ |
| **57** | 우리 집은 안전하다. | ☐ |
| **58** | 우리 가족은 휴식시간을 즐겁게 보낸다. | ☐ |
| **59** | 우리 가족은 어려운 일도 터놓고 이야기한다. | ☐ |
| **60** | 우리 가족은 빈둥거리며 시간을 보낼 때도 있다. | ☐ |

총점:

# ● 우리 가족의 행복지수 평가

체크한 항목 숫자의 합계에 따라 당신이 해야 할 일이 달라진다.

| | |
|---|---|
| 1~10 | 불행하다고 스스로 느끼는 상황이다. 삶에 대한 재미가 없고 휴식도 취할 수 없다. 당신은 아마도 어린 시절을 힘들게 보낸 것 같다. 즐거운 가정생활을 영위하려면 우선 어린 시절에 받은 마음의 상처를 치유한 후 생활방식을 바꾸도록 해야 한다. 전문의와의 상담이 필요하다. |
| 11~20 | 당신의 가족이 집안 분위기에 스트레스를 받고 있고, 당신도 그렇다. 당신이 느끼는 걱정과 불안, 압박감은 가족에게 고스란히 영향을 미친다. 긴장을 풀고 인생을 느긋하게 바라볼 필요가 있다. 사소한 일에는 대범하게 대처하고 즐거운 일만 생각하라. 아이들과 배우자를 향해서도 미소 띤 얼굴을 보이려고 노력하라. |
| 21~30 | 당신의 가정생활이 좋은 방향으로 변해가고 있어 아이들과 함께 하는 시간이 즐겁게 느껴진다. 아이들과 대화하는 법을 알고 있으므로 이제 천진난만한 모습으로 함께 놀 수 있는 것들을 찾아보라. 인생이 즐거워질 것이다. |
| 31~40 | 가정이 행복의 원천으로 느껴진다. 당신은 인생의 즐거움에 대해 잘 알고 있다. 압박감을 떨치고 가족과 함께 즐겁게 지내고, 가족의 말에 조금만 더 귀를 기울여라. |
| 41~50 | 낙관적인 가정이다. 아이들은 당신을 자랑스럽게 생각하고 있으며, 당신과 함께 하는 시간을 즐기고 있다. 매일 웃음 잃지 않고 더욱 행복한 가정 이룩하길 바란다. |
| 51~60 | 모범적인 가정이다. 당신은 모든 일에 긍정적이다. 당신의 아이들은 바람직한 방향으로 자존심을 키워 나가고 있다. 지금처럼 앞으로도 계속 그렇게 하라. |

# 부록3 나와 내 가족이 행복해지는 12계명

**1. 좋아하는 일을 하라.**

싫은 일을 억지로 할 만큼 인생이 짧지도 않거니와 좋아하는 일을
해야만 효율도 극대화된다.

**2. 즐겁게 행동하라.**

의도적으로라도 행복한 표정을 짓고
낙천주의자이며 외향적인 사람인 척하는 거다.

**3. 가장 좋은 친구는 바로 자신이다.**

자책하거나 스스로를 두들겨 패는 건 전혀 도움이 안 된다.
자신에게 도무지 불가능한 요구도 하지 마라.

**4. 자신에게 작은 보상이나 선물을 하라.**

딱히 선물을 줄만해서 주는 것은 아니다.
그렇게 하는 것이 좋기 때문에 주는 것이지.

**5. 친구와 가족을 위해 시간과 노력을 투자하라.**

시간과 노력을 투자할 용의가 없다면 친구나 가족을 가질 자격이 없는
것이다.

**6. 지금 이 순간을 즐기라.**

문제가 발생하면 낙천적으로 생각하라.
문제를 과장하지 말고 좌절하지 않으면 행복의 바탕이 되는 중심을
찾을 수 있다.

### 7. 하루하루의 자그마한 즐거움을 만끽하라.

크고 요란한 즐거움만 소중하다고 생각한다면 바보짓.

행복은 아기자기하고 소소한 즐거움에서 엄청 빠르게 축적된다.

### 8. 시간을 잘 관리하라.

먼저 큼직한 상위목표를 세우라.

그리고 그 목표를 매일매일 실천할 수 있는 작은 목표들로 나누라.

작은 목표들을 하나씩 달성하다 보면 어느새 시간을 잘 관리하는
즐거움을 맛볼 수 있다.

### 9. 스트레스와 역경을 헤쳐 나갈 수 있는 내 나름의 방법을 준비하라.

### 10. 다양한 종류의 음악을 들으라.

휴식과 자극을 동시에 느낄 수 있다.

거기서 행복이 싹튼다.

### 11. 활동적인 취미를 가지라.

그렇다고 반드시 몸을 거칠게 움직이는 것만이 활동적인 건 아니다.

머리를 움직이는 것도 엄청나게 활동적이다.

### 12. 자투리 시간을 생산적으로 활용하라.

자신의 생각을 정리할 시간을 가져라.